人间嗜好

王国维 著

中国画报出版社·北京

目录

美的境界

- 002/ 论哲学家与美术家之天职
- 006/ 古雅之在美学上之位置
- 013/ 孔子之美育主义
- 018/ 人间嗜好之研究
- 024/ 屈子文学之精神
- 030/ 文学小言
- 038/ 谈艺小言
- 046/ 读书小言
- 060/ 人间词话
- 100/ 论小学唱歌科之材料
- 102/ 论叔本华与尼采

人生的美意

- 120/ 《红楼梦》评论
- 153/ 宋元戏曲考(节选)
- 191/ 清真先生遗事(节选)
- 204/ 《玉溪生诗年谱会笺》序
- 207/ 译本《琵琶记》序
- 209/ 《国学丛刊》序
- 215/ 与缪荃孙书(三通)
- 220/ 唐写本残小说跋

品书画之美

- 224/ 中国名画集序
- 227/ 《待时轩仿古钵印谱》序
- 229/ 此君轩记
- 232/ 墨妙亭记
- 234/ 二田画庼记
- 236/ 周之琦鹤塔铭手迹跋
- 237/ 沈乙庵先生绝笔楹联跋

 品诗词之美

240/ 静庵诗稿
252/ 《观堂集林》卷二十四
259/ 苕华词

 附录

270/ 《三十自序》一
274/ 《三十自序》二
277/ 《静庵文集》自序

美的境界

美者,可爱玩而不可利用是也

论哲学家与美术家之天职

天下有最神圣、最尊贵而又最无与于当世之用者，哲学与美术是已。天下之人嚣然谓之曰无用，无损于哲学、美术之价值也。至为此学者自忘其神圣之位置，而求以合当世之用，于是二者之价值失。夫哲学与美术之所志者，真理也。真理者，天下万世之真理，而非一时之真理也。其有发明此真理（哲学家）或以记号表之（美术）者，天下万世之功绩，而非一时之功绩也。唯其为天下万世之真理，故不能尽与一时一国之利益合，且有时不能相容，此即其神圣之所存也。且夫世之所谓有用者，孰有过于政治家及实业家者乎？世人喜言功用，吾姑以其功用言之。夫人之所以异于禽兽者，岂不以其有纯粹之知识与微妙之感情哉？至于生活之欲，人与禽兽无以或异。后者政治家及实业家之所供给；前者之慰藉满足，非求诸哲学及美术不可。就其所贡献于人之事业言之，其性质之贵贱，固以殊矣。至就其功效之所及言之，则哲学家与美术家之事业，虽千载以下，四海以外，苟其所发明之真理与其所表之之记号之尚存，则人类之知识感情由此而得其满足慰藉者，曾无以异于昔；而政治家及实业家之事业，其及于五世十世者希矣。此又久暂之别也。然则人而无所贡献于哲学、美术，斯亦已耳；苟为真正之哲学家、美术家，又何慊乎政治家哉！

披我中国之哲学史，凡哲学家无不欲兼为政治家者，斯可异已！孔子大政治家也，墨子大政治家也，孟、荀二子皆抱政治上之大志者也。汉之贾、董，宋之张、程、朱、陆，明之罗、王无不然。岂独哲学家而已，诗人亦然。"自谓颇腾达，立登要路津。致君尧舜上，再使风俗淳"，非杜子美之抱负乎？"胡不上书自荐达，坐令四海如虞唐"，非韩退之之忠告乎？"寂寞已甘千古笑，驰驱犹望两河平"，非陆务观之悲愤乎？如此者，世谓之大诗人矣。至诗人之无此抱负者，与夫小说、戏曲、图画、音乐诸家，皆以侏儒、倡优自处，世亦以侏儒、倡优畜之。所谓"诗外尚

孔子像图页　南宋　马远

有事在"、"一命为文人便无足观",我国人之金科玉律也。呜呼,美术之无独立之价值也久矣!此无怪历代诗人,多托于忠君爱国、劝善惩恶之意,以自解免,而纯粹美术上之著述,往往受世之迫害而无人为之昭雪者也。此亦我国哲学、美术不发达之一原因也。

夫然,故我国无纯粹之哲学,其最完备者,唯道德哲学与政治哲学耳。至于周、秦、两宋间之形而上学,不过欲固道德哲学之根柢,其对形而上学非有固有之兴味也。其于形而上学且然,况乎美学、名学、知识论等冷淡不急之问题哉!更转而观诗歌之方面,则咏史、怀古、感事、赠人之题目,弥满充塞于诗界,而抒情、叙事之作,十百不能得一。其有美术上之价值者,仅其写自然之美之一方面耳。甚至戏曲、小说之纯文学亦往往以惩劝为旨。其有纯粹美术上之目的者,世非惟不知贵,且加贬焉,于哲学则如彼,如美术则如此,岂独世人不具眼之罪哉,抑亦哲学家、美术家自忘其神圣之位置与独立之价值,而蒀然以听命于众故也。

至我国哲学家及诗人所以多政治上之抱负者,抑又有说。夫势力之欲,人之所生而即具者,圣贤豪杰之所不能免也。而知力愈优者,其势力之欲也愈盛。人之对哲学及美学而有兴味者,必其知力之优者也?故其势力之欲亦准之。今纯粹之哲学与纯粹之美术既不能得势力于我国之思想界,则彼等势力之欲,不于政治,将于何求其满足之地乎?且政治上之势力有形的也，及身的也；而哲学美术上之势力，无形的也，身后的也。故非旷世之豪杰，鲜有不为一时之势力所诱惑者矣。虽然，无亦其对哲学美术之趣味有未深，而于其价值有未自觉者乎？今夫人积年月之研究，而一旦豁然悟宇宙人生之真理，或以胸中惝恍不可捉摸之意境一旦表诸文字、绘画、雕刻之上，此固彼天赋之能力之发展，而此时之快乐，绝非南面王之所能易者也。且此宇宙人生尚如故，则其所发明所表示之宇宙人生之真理之势力与价值，必仍如故。之二者，所以酬哲学家、美术家者，固已多矣。若夫忘哲学、学术之神圣，而以为道德、政治之手段者，正使其著作无价值者也。愿今后之哲学美术家，毋忘其天职，而失其独立之位置，则幸矣！

古雅之在美学上之位置

"美术者天才之制作也。"此自汗德[1]以来百余年间学者之定论也。然天下之物,有决非真正之美术品,而又决非利用品者。又其制作之人,决非必为天才,而吾人之视之也,若与天才所制作之美术无异者。无以名之,名之曰"古雅"。

欲知古雅之性质,不可不知美之普遍之性质。美之性质,一言以蔽之曰:可爱玩而不可利用者是已。虽物之美者,有时亦足供吾人之利用,但人之视为美时,决不计及其可利用之点。其性质如是,故其价值亦存于美之自身,而不存乎其外。而美学上之区别美也,大率分为二种:曰优美,曰宏壮。自巴克[2]及汗德之书出,学者殆视此为精密之分类矣。至古今学者对优美及宏壮之解释,各由其哲学系统之差别而各不同。要而言之,则前者由一对象之形式不关于吾人之利害,遂使吾人忘

---

1 汗德,今译康德,德国哲学家、美学家。本书注释均为编者注。
2 巴克,今译博克,英国美学家。

利害之念，而以精神之全力沉浸于此对象之形式中。自然及艺术中普通之美，皆此类也。后者则由一对象之形式，超乎吾人知力所能取之范围，或其形式大不利于吾人，而又觉其非人力所能抗，于是

◎康德像

吾人保存自己之本能，遂超乎利害之观念外，而达观其对象之形式。如自然中之高山、大川、烈风、雷雨，艺术中伟大之宫室、悲惨之雕刻像、历史画、戏曲、小说等皆是也。此二者，其可爱玩而不可利用也同，若夫所谓古雅者则何如？

一切之美，皆形式之美也。就美之自身言之，则一切优美皆存于形式之对称变化及调和。至宏壮之对象，汗德虽谓之无形式，然以此种无形式之形式能唤起宏壮之情，故谓之形式之一种，无不可也。就美术之种类言之，则建筑、雕刻、音乐之美之存于形式，固不俟论，即图画、诗歌之美之兼存于材质之意义者，亦以此等材质适于唤起美情故，故亦得视为一种之形式焉。释迦与玛丽亚庄严圆满之相，吾人亦得离其材质之意义，而感无限之快乐，生无限之钦仰。戏曲小说之主人翁及其境遇，对文章之方面而言，则为材质；然对吾人之感情言之，则此等材质又为唤起美情之最适之形式。故除吾人之感情外，

凡属于美之对象者，皆形式而非材质也。而一切形式之美，又不可无他形式以表之，惟经过此第二之形式，斯美者愈增其美，而吾人之所谓古雅，即此种第二之形式。即形式之无优美与宏壮之属性者，亦因此第二形式故，而得一种独立之价值，故古雅者，可谓之形式之美之形式之美也。

夫然，故古雅之致存于艺术而不存于自然。以自然但经过第一之形式，而艺术则必就自然中固有之某形式，或所自创之新形式，而以第二形式表出之。即同一形式也，其表之也各不同。同一曲也，而奏之者各异；同一雕刻绘画也，而真本与摹本大殊；诗歌亦然。"夜阑更炳烛，相对如梦寐"（杜甫《羌村》诗）之于"今宵剩把银釭照，犹恐相逢是梦中"（晏几道《鹧鸪天》词），"愿言思伯，甘心首疾"（《诗经·卫风·伯兮》）之于"衣带渐宽终不悔，为伊消得人憔悴"（柳永《蝶恋花》词），其第一形式同。而前者温厚，后者刻露者，其第二形式异也。一切艺术无不皆然，于是有所谓雅俗之区别起。优美与宏壮必与古雅合，然后得其固有之价值。不过优美及宏壮之原质愈显，则古雅之原质愈蔽。然吾人所以感如此之美且壮者，实以表出之之雅故，即以其美之第一形式，更以雅之第二形式表出之故也。

虽第一形式之本不美者，得由其第二形式之美（雅），而得一种独立之价值。茅茨土阶，与夫自然中寻常琐屑之景物，以吾人之肉眼观之，举无足与优美若宏壮之数，然一经艺术家（若绘画，若诗歌）之手，而遂觉有不可言之趣味。此等趣味，不自第一形式得之，而自第二形式得之无疑也。绘画中之布置，属于第一形式，而使笔使墨，则属于第二形式。凡以笔墨见赏于吾人者，实赏其第二之形式也。此以低度之美术（如书法等）为尤甚。三代之钟鼎，秦汉之摹印，汉、魏、六朝、唐、宋之碑帖，宋元之书籍等，其美之大部，实存于第二形式。吾人爱石刻不如爱真迹，又其于石刻中爱翻刻不如爱原刻，亦以此也。凡吾人所加于雕刻书画之品评，曰"神"、曰"韵"、曰"气"、曰"味"，皆就第二形式之言者多，而就第一

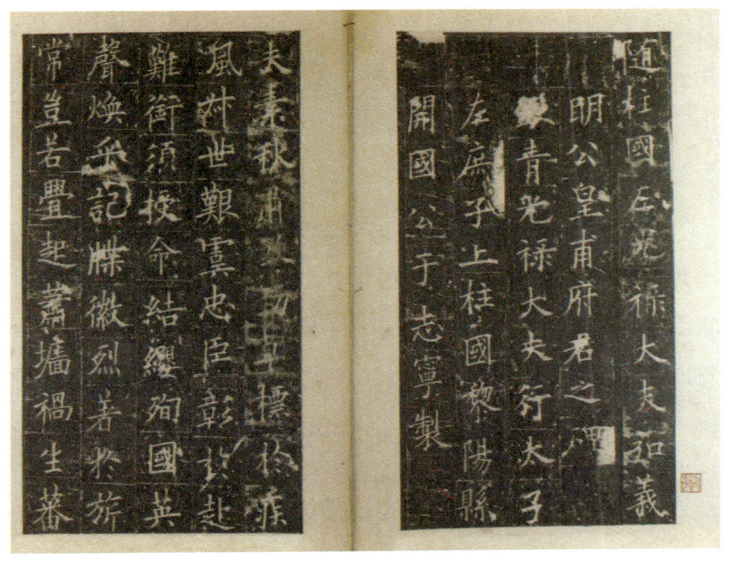

◎皇甫诞碑　唐刻　宋拓　于志宁制　欧阳询书

形式言之者少。文学亦然，古雅之价值大抵存于第二形式。西汉之匡（衡）、刘（向），东京之崔（瑗）、蔡（邕），其文之优美宏壮，远在贾、马、班、张之下，而吾人亦嗜之也亦无逊于彼者，以雅故也。南丰（曾巩）之于文，不必工于苏、王，姜夔之于词，且远逊于欧、秦，而后人亦嗜之者，以雅故也。由是观之，则古雅之原质，为优美及宏壮中不可或缺之原质，且得离优美宏壮而有独立之价值，则固一不可诬之事实也。

然古雅之性质，有与优美及宏壮异者。古雅之但存于艺术而不存于自然，即如上文所论矣。至判断古雅之力与判断优美与宏壮之力不同。后者先天的，前者后天的、经验的也。优美及宏壮之判断之为先天的判断，自汗德之《判断力批评》后，殆无反对之者。此等判断既为先天的，故亦普遍的、必然的也。易言以明之，即一艺术家所视为美者，一切艺术家亦必视为美。此汗德所以于其美学中，预想一公共之感官也。若古雅之判断则不然，由时之不同而人之判断之也各异。吾人所断为古雅者，实由吾人今日之位置断之。古代之遗物无不雅于近世之制作，古代之文学虽至拙劣，自吾人读之无不古雅者。若自古人之眼观之，殆不然矣。故古雅之判断，后天的也，经验的也。故亦特别的也，偶然的也。此由古代表出第一形式之道与近世大异，故吾人睹其遗迹，不觉有遗世之感随之，然在当日则不能。若优美及宏壮，则固无此时间上之限制也。

古雅之性质既不存自然，而其判断亦但由于经验，于是艺术中古雅之部分，不必尽俟天才，而亦得以人力致之。苟其人格诚高，学问诚博，则虽无艺术上之天才者，其制作亦不失为古雅。而其观艺术也，虽不能喻其优美及宏壮之部分，犹能喻其古雅之部分。若夫优美及宏壮，则非天才，殆不能捕攫之而表出之。今古第三流以下之艺术家，大抵能雅而不能美且壮者，职是故也。以绘画论，则有若国朝之王翚，彼固无艺术上之天才，但以用力甚深之故，故摹古则优，而自运则劣，则岂不以其舍其所长之古雅，而欲以优美宏壮与人争胜也哉！以文学论，则除前所述匡、刘诸人外，若宋之山谷，明之青邱、历下，国朝之新城等，其去文学上之天才盖远，徒以有文学上之修养故，其所作遂带一种典雅之性质。而后之无艺术上之天才者，亦以其典雅故，遂与第一流之文学家等类而观之，然其制作之负于天分者十之二三，而负于人力者十之七八，则固不难分析而得之也。又虽真正之天才，其制作非必皆神来兴到之作也。以文学论，则虽最优美最宏壮之文学中，往往书有陪衬之篇，篇有陪衬之章，章有陪衬之句，句有陪衬之字。一切艺术，莫不如是。此等神兴枯涸之处，非以古雅弥缝之不可。而此等古雅之部分，又非借修养之力不可。若优美与宏壮，则固非修养之所能为力也。

然则古雅之价值，遂远出优美与宏壮之下乎？曰：不然。可爱玩而不可利用者，一切美术品之公性也。优美与宏壮然，古雅亦然。而以吾人之玩其物也，无关于利用故，遂使吾人超出乎利害之范围外，而惝恍于缥缈宁静之域。优美之形式，使人心平和；古雅之形式，使人心休息，故亦可谓之低度之优美。宏壮之形式常以不可抵抗之势力唤起人钦仰之情，古雅之形式则以不习于世俗之耳目故，而唤起一种之惊讶。惊讶者，钦仰之情之初步，故虽谓古雅为低度之宏壮，亦无不可也。故古雅之位置，可谓在优美与宏壮之间，而兼有此二者之性质也。至论其实践之方面，则以古雅之能力，能由修养而得之，故可为美育普及之津梁。虽中智以下之人，不能创造优美及宏壮之物者，亦得由修养而有古雅之创造力。又虽不能喻优美及宏壮之价值者，亦得于优美宏壮中之古雅之原质，或于古雅之制作物中，得其直接之慰藉。故古雅之价值，自美学上观之，诚不能及优美及宏壮，然自其教育众庶之效言之，则虽谓其范围较大、成效较著可也。因美学上尚未有专论古雅者，故略述其性质及位置如右。篇首之疑问，庶得由是而说明之欤！

孔子之美育主义

诗云:"世短意常多,斯人乐久生。"岂不悲哉!人之所以朝夕营营者,安归乎?归于一己之利害而已。人有生矣,则不能无欲;有欲矣,则不能无求;有求矣,不能无生得失;得则淫,失则戚:此人人之所同也。世之所谓道德者,有不为此嗜欲之羽翼者乎?所谓聪明者,有不为嗜欲之耳目者乎?避苦而就乐,喜得而恶丧,怯让而勇争:此又人人之所同也。于是,内之发于人心也,则为苦痛;外之见于社会也,则为罪恶。然世终无可以除此利害之念,而泯人己之别者欤?将社会之罪恶固不可以稍减,而人心之苦痛遂长此终古欤?曰:有,所谓"美"者是已。

美之为物,不关于吾人之利害者也。吾从观美时,亦不知有一己之利害。德意志之大哲人汗德,以美之快乐为不关利害之快乐(Disinterested Pleasure)。至叔本华而分析观美之状态为二原质:(一)被观之对象,非特别之物,而此物之种类之形式;(二)观者之意识,非特别之我,而纯粹无欲之我也

（《意志及观念之世界》第一册，二百五十三页）。何则？由叔氏之说，人之根本在生活之欲，而欲常起于空乏。既偿此欲，则此欲以终；然欲之被偿者一，而不偿者十百；一欲既终，他欲随之：故究竟之慰藉终不可得。苟吾人之意识而充以嗜欲乎？吾人而为嗜欲之我乎？则亦长此辗转于空乏、希望与恐怖之中而已，欲求福祉与宁静，岂可得哉！然吾人一旦因他故，而脱此嗜欲之网，则吾人之知识已不为嗜欲之奴隶，于是得所谓无欲之我。无欲故无空乏，无希望，无恐怖；其视外物也，不以为与我有利害之关系，而但视为纯粹之外物。此境界唯观美时有之。苏子瞻所谓"寓意于物"（《宝绘堂记》）；邵子曰："圣人所以能一万物之情者，谓其能反观也。所以谓之反观者，不以我观物也。不以我观物者，以物观物之谓也。既能以物观物，又安有我于其间哉？"（《皇极经世·观物内篇》七）此之谓也。其咏之于诗者，则如陶渊明云："采菊东篱下，悠然见南山。山气日夕佳，飞鸟相与还。此中有真意，欲辨已忘言。"谢灵运云："昏旦变气候，山水含清晖。清晖能娱人，游子憺忘归。"或如白伊龙云："I live not in myself, but I become portion of that around me; and to me high mountains are a feeling." 皆善咏此者也。

夫岂独天然之美而已，人工之美亦有之。宫观之瑰杰，雕刻之优美雄丽，图画之简淡冲远，诗歌音乐之直诉人之肺腑，皆使人达于无欲之境界。故秦西自雅里大德勒[1]以后，皆以美育为德育之助。至近世，谑夫志培利[2]、赫启孙[3]等皆从之。乃德意志之大诗人希尔列尔[4]出，而大成其说，谓人日与美相接，则其感情日益高，而暴慢鄙倍之心自益远。故美术者科学与道德之生产地也。又谓审美之境界乃不关利害之境界，故气质之欲灭，而道德之欲得由之以生。故审美之境界乃物质之境界与道德之境界之津梁也。于物质之境界中，人受制于天然之势力；于审美之境界则远离之；于道德之境界则统御之（希氏《论人类美育之书简》）。由上所说，则审美之位置犹居于道德之次。然希氏后日更进而说美之无上之价值，曰："如人必以道德之欲克制气质之欲，则人性之两部犹未能调和也。于物质之境界及道德之境界中，人性之一部，必克制之以扩充其他部。然人之所以为人，在息此内界之争斗，而使卑劣之感跻于高尚之感觉。如汗德之严肃论中气质与义务对立，犹非道德上最高之理想也。最高之理想存于美丽之心（Beautiful Soul），其为性质也，高尚纯洁，不知有内界之争斗，而唯乐于守道德之法则，此性质唯可由美育得之。"（文特尔朋[5]《哲学史》第六百页）此希氏最后之说也。顾无论美之与善，其位置孰为高下，而美育

---

[1] 雅里大德勒，今译亚里士多德，古希腊哲学家。
[2] 谑夫志培利，今译夏夫兹伯里，英国美学家。
[3] 赫启孙，今译哈奇生，英国美学家。
[4] 希尔列尔，今译席勒，德国诗人。
[5] 文特尔朋，今译文德尔班，德国哲学家。

与德育之不可离,昭昭然矣。

今转而观我孔子之学说。其审美学上之理论虽不可得而知,然其教人也,则始于美育,终于美育。《论语》曰:"小子何莫学夫诗。诗可以兴,可以观,可以群,可以怨。迩之事父,远之事君。多识于鸟兽草木之名。"又曰:"兴于诗,立于礼,成于乐。"其在古昔,则胄子之教,典于后夔;大学之事,董于乐正(《周礼·大司乐》《礼记·王制》)。然则以音乐为教育之一科,不自孔子始矣。荀子说其效曰:"乐者,圣人之所乐也,而可以善民心。其感人深,其移风易俗……故乐行而志清,礼修而行成,耳目聪明,血气和平,移风易俗,天下皆宁。"(《乐论》)此之谓也。故"子在齐闻《韶》",则"三月不知肉味"。而《韶》乐之作,虽挈壶之童子,其视精,其行端。音乐之感人,其效有如此者。

且孔子之教人,于诗乐外,尤使人玩天然之美。故习礼于树下,言志于农山,游于

◎ 先师孔子行教像拓片
　唐　吴道子

舞雩，叹于川上，使门弟子言志，独与曾点。点之言曰："莫春者，春服既成，冠者五六人，童子六七人，浴乎沂，风乎舞雩，咏而归。"由此观之，则平日所以涵养其审美之情者可知矣。之人也，之境也，固将磅礴万物以为一，我即宇宙，宇宙即我也。光风霁月不足以喻其明，泰山华岳不足以语其高，南溟渤澥不足以比其大。邵子所谓"反观"者非欤？叔本华所谓"无欲之我"、希尔列尔所谓"美丽之心"者非欤？此时之境界：无希望，无恐怖，无内界之争斗，无利无害，无人无我，不随绳墨而自合于道德之法则。一人如此，则优入圣域；社会如此，则成华胥之国。孔子所谓"安而行之"，与希尔列尔所谓"乐于守道德之法则"者，舍美育无由矣。

　　呜呼！我中国非美术之国也！一切学业，以利用之大宗旨贯注之。治一学，必质其有用与否；为一事，必问其有益与否。美之为物，为世人所不顾久矣！故我国建筑、雕刻之术，无可言者。至图画一技，宋元以后，生面特开，其淡远幽雅实有非西人所能梦见者。诗词亦代有作者。而世之贱儒辄援"玩物丧志"之说相诋。故一切美术皆不能达完全之域。美之为物，为世人所不顾久矣！庸讵知无用之用，有胜于有用之用者乎？以我国人审美之趣味之缺乏如此，则其朝夕营营，逐一己之利害而不知返者，安足怪哉！安足怪哉！庸讵知吾国所尊为"大圣"者，其教育固异于彼贱儒之所为乎？故备举孔子美育之说，且诠其所以然之理。世之言教育者，可以观焉。

人间嗜好之研究

活动之不能以须臾息者,其为人心乎。夫人心本以活动为生活者也。心得其活动之地,则感一种之快乐,反是则感一种之苦痛。此种苦痛,非积极的苦痛,而消极的苦痛也。易言以明之,即空虚的苦痛也。空虚的苦痛,比积极的苦痛尤为人所难堪。何则?积极的苦痛,犹为心之活动之一种,故亦含快乐之原质,而空虚的苦痛,则并此原质而无之故也。人与其无生也,不如恶生;与其不活动也,不如恶活动。此生理学及心理学上之二大原理,不可诬也。人欲医此苦痛,于是用种种之方法,在西人名之曰"To kill time",而在我中国,则名之曰"消遣"。其用语之确当,均无以易,一切嗜好由此起也。

然人心之活动亦夥矣。食色之欲,所以保持个人及其种姓之生活者,实存于人心之根柢,而时时要求满足。然满足此欲,固非易易也,于是或劳心,或劳力,戚戚睍睍,以求其生活之道。如此者吾人谓之曰"工作"。工作之为一种积极的苦痛,吾人之所经验也。且人固不能终日从事于工作,岁有闲月，月有闲日，日有闲时，殊如生活之道不苦者。其工作愈简，其闲暇愈多，此时虽乏积极的苦痛，然以空虚之消极的苦痛代之，故苟足以供其心活动者，虽无益于生活之事业，亦鹜而趋之。如此者，吾人谓之曰"嗜好"。虽嗜好之卑劣高尚万有不齐，然其所以慰空虚之苦痛而与人心之活动者，其揆一也。

嗜好之为物，本所以医空虚的苦痛者。故皆与生活无直接之关系，然若谓其与生活之欲无关系，则其不然者也。人类之于生活，即竞争而得胜矣，于是此根本之欲复变为势力之欲，而务使其物质上与精神上之生活超于他人之生活之上。此势力之欲，即谓之生活之欲之苗裔，无不可也。人之一生，唯由此二欲以策其知力及体力，而使之活动。其直接为生活故而活动时，曰"工作"，或其势力有余，而唯为活动故而活动时，谓之曰"嗜好"。故嗜好之为物，虽非表直接之势力，亦必为势力之小影，或足以遂其势力之欲者，始足以动人心，而医其空虚的苦痛。不然，欲其嗜之也难矣。今吾人当进而研究种种之嗜好，且示其与生活及势力之欲之关系焉。

嗜好中之烟酒二者，其令人心休息之方面多，而活动之方面少。易言以明之，此二者之效，宁在医积极之苦痛，而不在医消极之苦痛。又此二者，于心理上之结果外，兼有生理上之结果，而吾人对此二者之经验亦甚少，故不具论。今先论博弈。夫人生者，竞争之生活也。苟吾人竞争之势力无所施于生活之实际,或实际上既竞争而胜矣,则其剩余之势力仍不能不求发洩之地。博弈之事,正在抽象上表出竞争之世界,而使吾人于此满足其势力之欲者也。且博弈以但表普遍的抽象的竞争,而不表所竞争者为某物(故为金钱而赌博者不在此例)。故吾人竞争之本能,遂于此以无嫌疑、无忌惮之态度而发表之,于是得窥人类极端之利己主义。至实际之人生中,人类之竞争虽无异于博弈,然能如是之磊磊落落者鲜矣。且博与弈之性质,亦自有辨。此二者虽皆世界竞争之小影,而博又为运命之小影。人以执着于生活故,故其知力常明于无望之福,而暗于无望之祸。而于赌博中,此无望之福随时有可能性,在以博之胜负,人力与命运二者决之,而弈之胜负,则全由人力决之故也。又但就人力言,赌博者悟性上之竞争,而弈者理性上之竞争也。长于悟性者,其嗜博也甚于弈,长于理性者,其嗜弈也甚于博。嗜博者之性格,机警也,脆弱也,依赖也。嗜弈者之性格,谨慎也,坚忍也,独立也。譬之治生,前者如朱公居陶,居与时逐;后者如任氏之折节为俭,尽力田畜,亦致千金。人亦各随其性之所近,而欲于竞争之中,发见其势力之优胜之快乐耳。吾人对博弈之嗜好,殆非此无以解释之也。

若夫宫室、车马、衣服之嗜好,其适用之部分属于生活之欲,而其装饰之部分则属于势力之欲。驰骋、田猎、跳舞之嗜好,亦此势力之欲之所发表也。常人之对书画、古物也亦然。彼之爱书籍,非必爱其所含之真理也;爱书画古玩,非必爱其形式之优美古雅也。以多相炫，以精相炫，以物之稀而难得也相炫。读书者亦然，以博相炫。一言以蔽之，炫其势力之胜于他人而已矣。常人对戏剧之嗜好，亦由势力之欲出。先以喜剧（即滑稽剧）言之。夫能笑人者，必其势力强于被笑者也，故笑者实吾人之势力之发表。然人于实际生活中，虽遇可笑之事然非其人非我所素狎者，或其位置远在吾人之下者，则不敢笑。独于滑稽剧中，以其非事实故，不独使人能笑，而且使人敢笑，此即对喜剧之快乐所存也。悲剧亦然。霍雷士（Horace）曰："人生者，自观之者言之，则为一喜剧，自感

◎ 书画作品　清　恽寿平

之者言之,则为一悲剧也。"自吾人思之,则人生之运命固无以异于悲剧,然当人演此悲剧时,亦俯首杜口,或故示整暇,汶汶而过耳。欲如悲剧中之主人公,且演且歌以诉其胸中之苦痛者,又谁听之,而谁怜之乎!夫悲剧中之人物之无势力之可言,固不待论。然敢鸣其苦痛者与不敢鸣其痛苦者之间,其势力之大小必有辨矣。夫人生中固无独语之事,而戏曲则以许独语故,故人生中久压抑之势力独于其中筐倾而篋倒之,故虽不解美术上之趣味者,亦于此中得一种势力之快乐。普通之人之对戏曲之嗜好,亦非此不足以解释之矣。

若夫最高尚之嗜好,如文学、美术,亦不外势力之欲之发表。希尔列尔即谓儿童游戏存于用剩余之势力矣,文学美术亦不过成人之精神的游戏。故其渊源之存于剩余之势力,无可疑也。且吾人之内界之思想感情,平时不能语诸人或不能以庄语表之者,于文学中以无人与我有一定关系故,故得倾倒而出之。易言以明之。吾人之势力所不能于实际表出者,得以游戏表出之是也。若夫真正之大诗人,则又以人类之感情为其一己之感情。彼其势力充实,不可以已,遂不以发表自己之感情为满足,更进而欲发表人类全体之感情。彼之著作,实为人类全体之喉舌,而读者于此得闻其悲欢啼笑之声,遂觉自己之势力亦为之发扬而不能自已。故自文学言之,创作与赏鉴之二方面,亦皆以此势力之欲为其根柢也。文学既然,他美术何独不然?岂独美术而已,而哲学与科学亦然。柏庚有言曰:"知识即势力也。"则一切知识之欲,虽谓之即势力之欲,亦无不可。彼等以其势力卓越于常人故,故不满足于现在之势力,而欲得永远之势力。虽其所用以得势力之手段不同,然其势力固无以异。夫然,始足以活动人心而医其空虚之苦痛。以人之心之根柢实为一生活之欲,若势力之欲苟不足以遂其生活或势力之欲者,决不能使之活动。以是观之,则一切嗜好虽有高卑优劣之差,固无非势力之欲所为也。

然余之为此论,固非使文学美术之价值下齐于博弈也。不过自心理学言之,则此数者之根柢皆存于势力之欲,而其作用皆在使人心活动,一疗其空虚之苦痛。以此所论者,乃事实之问题,而非价值之问题故也。若欲抑制卑劣之嗜好,不可不易之以高尚之嗜好,不然,则必有溃决之一日。此又从人心活动之原理出,有教育之责,及欲教育自己者,不可不知所注意焉。

屈子文学之精神

我国春秋以前，道德政治上之思想，可分之为二派：一帝王派，一非帝王派。前者称道尧、舜、禹、汤、文、武，后者则称其学出于上古之隐君子（如庄周所称广成子之类），或托之于上古之帝王。前者近古学派，后者远古学派也。前者贵族派，后者平民派也。前者入世派，后者遁世派（非真遁世派，知其主义之终不能行于世，而遁焉者也）也。前者热性派，后者冷性派也。前者国家派，后者个人派也。前者大成于孔子、墨子，而后者大成于老子。（老子，楚人在孔子后，与孔子问礼之老聃系二人。说见汪容甫《述学·老子考》）故前者北方派，后者南方派。此二派者，其主义常相反对，而不能相调和。初孔子与接舆、长沮、桀溺、荷蓧丈人之关系。可知之矣。战国后之诸学派，无不直接出于此二派，或出于混合此二派。故虽谓吾国固有之思想，不外此二者，可也。

夫然，故吾国之文学，亦不外发表二种之思想。然南方学派则仅有散文的文学，如《老子》《庄》《列》是已。至诗歌的

◎老子骑牛 纸本 明 张路

文学,则为北方学派之所专有。《诗》三百篇大抵表北方学派之思想者也。虽其中如《考槃》《衡门》等篇,略近南方之思想。然北方学者所谓"用之则行,舍之则藏","有道则见,无道则隐"者,亦岂有异于是哉?故此等谓之南北公共之思想则可,必非南方思想之特质也。然则诗歌的文学,所以独出于北方之学派中者,又何故乎?

诗歌者,描写人生者也。(用德国大诗人希尔列尔之定义。)此定义未免太狭,今更广之曰"描写自然及人生",可乎?然人类之兴味,实先人生,而后自然,故纯粹之模山范水、流连光景之作,自建安以前,殆未之见。而诗歌之题目,皆以描写自己之感情为主。其写景物也,亦必以自己深邃之感情为之素地,而始得于特别之境遇中,用特别之眼观之。故古代之诗所描写者,特人生之主观的方面;而对人生之客观的方面,及纯处客观界之自然,断不能以全力注之也。故对古代之诗,前之定义宁苦其广,而不苦

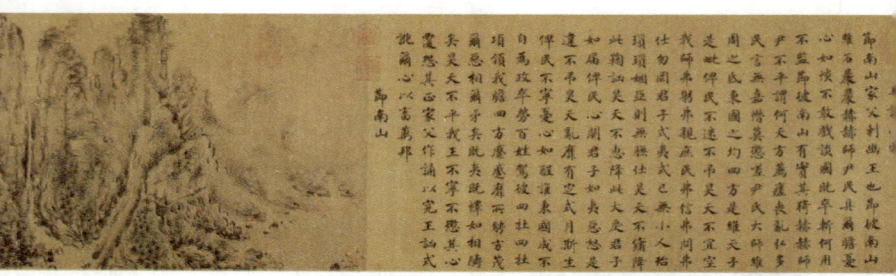

○诗经·小雅（节选） 宋 佚名

其隘也。

诗之为道，既以描写人生为事，而人生者，非孤立之生活，而在家族、国家及社会中之生活也。北方派之理想，置于当日之社会中；南方派之理想，则树于当日之社会外。易言以明之，北方派之理想，在改作旧社会；南方派之理想，在创造新社会。然改作与创造，皆当日社会之所不许也。南方之人，以长于思辨，而短放实行，故知实践之不可能，而即于其理想中求其安慰之地，故有遁世无闷，嚣然自得以没齿者矣。若北方之人，则往往以坚忍之志、强毅之气，持其改作之理想，以与当日之社会争；而社会之仇视之也，亦与其仇视南方学者无异，或有甚焉。故彼之视社会也，一时以为寇，一时以为亲，如此循环，而遂生欧穆亚（Humour）之人生观。《小雅》中之杰作，皆此种竞争之产物也。且北方之人，不为离世绝俗之举，而日周旋于君臣、父子、夫妇之间，此等在在界以诗歌之题目，与以作诗之动机。此诗歌的文学，所以独产于北方学派中，而无与于南方学派者也。

然南方文学中，又非无诗歌的原质也。南人想象力之伟大丰富，胜放北人远甚。彼等巧于比类，而善于滑稽，故言大则有若北溟之鱼，语小则有若蜗角之国；语久则大椿冥灵，语短则蟪蛄朝菌；至放襄城之野，七圣皆迷；汾水之阳，四子独往，此种想象决不能于北方文学中发见之。故《庄》《列》书中之某部分，即谓之散文诗，无不可也。夫儿童想象力之活泼，此人人公认之事实也，国民文化发达之初期亦然，古代印度及希腊之壮丽之神话，皆此等想象之产物。以我中国论，则南方之文化发达较后于北方，则南人之富于想象，亦自然之势也。此南方文学中之诗歌的特质之优于北方文学者也。

由此观之，北方人之感情，诗歌的也，以不得想象之助，故其所作遂止于小篇；南方人之想象，亦诗歌的也，以无深邃之感情之后援，故其想象亦散漫而无所丽，是以无纯粹之诗歌。而大诗歌之出，必须俟北方人之感情与南方人之想象合而为一，即必通南北之驿骑而后可，斯即屈子其人也。

屈子南人而学北方之学者也。南方学派之思想，本与当时封建贵族之制度不能相容。故虽南方之贵族，亦常奉北方之思想焉。观屈子之文，可以征之。其所称之圣王，则有若高辛、尧、舜、禹、汤、少康、武丁、文、武，贤人则有若皋陶、挚说、彭、咸（谓彭祖、巫咸，商之贤臣也，与"巫咸将夕降兮"之巫咸，自是二人，《列子》所谓"郑有神巫，名季咸"

者也)、比干、伯夷、吕望、宁戚、百里、介推、子胥,暴君则有若夏启、羿、浞、桀、纣,皆北方学者之所常称道,而于南方学者所称黄帝、广成等不一及焉。虽《远游》一篇,似专述南方之思想,然此实屈子愤激之词,如孔子之居夷浮海,非其志也。《离骚》之卒章,其旨亦与《远游》同。然卒曰:"陟升皇之赫戏兮,忽临睨夫旧乡。仆夫悲余马怀兮,蜷局顾而不行。"《九章》中之《怀沙》,乃其绝笔,然犹称重华、汤、禹,足知屈子固彻头彻尾抱北方之思想,虽欲为南方之学者,而终有所不慊者也。

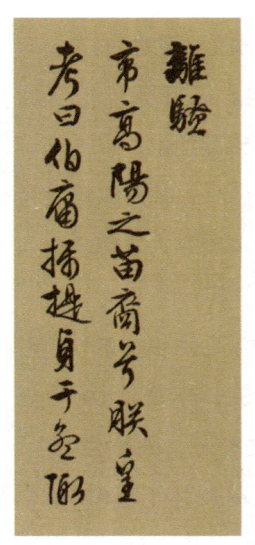

◎ 行草《离骚》 明 文徵明

屈子之自赞曰:"廉贞。"余谓屈子之性格,此二字尽之矣。其廉固南方学者之所优为,其贞则其所不屑为,亦不能为者也。女媭之詈,巫咸之占,渔父之歌,皆代表南方学者之思想,然皆不足以动屈子。而知屈子者,唯詹尹一人。盖屈子之于楚,亲则肺腑,尊则大夫,又尝管内政外交上之大事矣,其于国家既同累世之休戚,其于怀王又有一日之知遇,一疏再放,而终不能易其志,于是其性格与境遇相得,而使之成一种之欧穆亚。《离骚》以下诸作,实此欧穆亚所发表者也。

使南方之学者处此，则贾谊（《吊屈原文》）、扬雄（《反离骚》）是，而屈子非矣。此屈子之文学，所负于北方学派者也。

然就屈子文学之形式言之，则所负于南方学派者，抑又不少。彼之丰富之想象力，实与《庄》《列》为近。《天问》《远游》凿空之谈，求女谬悠之语，庄语之不足，而继之以谐，于是思想之游戏，更为自由矣。变《三百篇》之体而为长句，变短什而为长篇，于是感情之发表，更为宛转矣。此皆古代北方文学之所未有，而其端自屈子开之。然所以驱使想象而成此大文学者，实由其北方之肫挚的性格。此庄周等之所以仅为哲学家，而周、秦间之大诗人，不能不独数屈子也。

要之，诗歌者，感情的产物也。虽其中之想象的原质（即知力的原质），亦须有肫挚之感情为之素地，而后此原质乃显。故诗歌者实北方文学之产物，而非僬薄冷淡之夫所能托也。观后世之诗人，若渊明，若子美，无非受北方学派之影响者，岂独一屈子然哉！

文学小言

一

昔司马迁推本汉武时学术之盛，以为利禄之途使然。余谓一切学问皆能以利禄劝，独哲学与文学不然。何则？科学之事业，皆直接间接以厚生利用为旨，古未有与政治及社会上之兴味相刺谬者也。至一新世界观与新人生观出，则往往与政治及社会上之兴味不能相容。若哲学家而以政治及社会之兴味为兴味，而不顾真理之如何，则又决非真正之哲学。以欧洲中世哲学之以辩护宗教为务者，所以蒙极大之污辱，而叔本华所以痛斥德意志大学之哲学者也。文学亦然。餔餟的文学，决非真正之文学也。

二

文学者，游戏的事业也。人之势力用于生存竞争而有余，于是发而为游戏。婉娈之儿，有父母以衣食之，以卵翼之，无所谓争存之事也。其势力无所发泄，于是作种种之游戏。逮争存之事亟，而游戏之道息矣。唯精神上之势力独优，而又不必以生事为急者，然后终身得保其游戏之性质。而成人以后，又不能以小儿之游戏为满足，于是对其自己之感情及所观察之事物而摹写之，咏叹之，以发泄所储蓄之势力。故民族文化之发达，非达一定之程度，则不能有文学；而个人之汲汲于争存者，决无文学家之资格也。

三

人亦有言，名者利之宾也。故文绣的文学之不足为真文学也，与馂馊的文学同。古代文学之所以有不朽之价值者，岂不以无名之见者存乎？至文学之名起，于是有因之以为名者，而真正文学乃复托于不重于世之文体以自见。逮此体流行之后，则又为虚玄矣。故模仿之文学，是文绣的文学与馂馊的文学之记号也。

四

文学中有二原质焉：曰景，曰情。前者以描写自然及人生之事实为主，后者则吾人对此种事实之精神的态度也。故前者客观的，后者主观的也；前者知识的，后者感情的也。自一方面言之，则必吾人之胸中洞然无物，而后其观物也深，而其体物也切；即客观的知识，实与主观的感情为反比例。自他方面言之，则激烈之感情，亦得为直观之对象、文学之材料；而观物与其描写之也，亦有无限之快乐伴之。要之，文学者，不外知识与感情交代之结果而已。苟无锐敏之知识与深邃之感情者，不足与于文学之事。此其所以但为天才游戏之事业，而不能以他道劝者也。

五

古今之成大事业大学问者，不可不历三种之阶级："昨夜西风凋碧树，独上高楼，望尽天涯路"（晏同叔《蝶恋花》），此第一阶级也；"衣带渐宽终不悔，为伊消得人憔悴"（欧阳永叔《蝶恋花》），此第二阶级也；"众里寻他千百度，回头蓦见，那人正在，灯火阑珊处[1]"（辛幼安《青玉案》），此第三阶级也。未有不阅第一第二阶级，而能遽跻第三阶级者。文学亦然。此有文学上之天才者，所以又需莫大之修养也。

---

[1] 此为王国维先生原作引文，今常用版本为："众里寻他千百度，蓦然回首，那人却在，灯火阑珊处。"

六

三代以下之诗人,无过于屈子、渊明、子美、子瞻者。此四子者苟无文学之天才,其人格亦自足千古。故无高尚伟大之人格,而有高尚伟大之文学者,殆未之有也。

七

天才者,或数十年而一出,或数百年而一出,而又须济之以学问,帅之以德性,始能产真正之大文学。此屈子、渊明、子美、子瞻等所以旷世而不一遇也。

八

"燕燕于飞,差池其羽。""燕燕于飞,颉之颃之。""眼睍黄鸟,载好其音。""昔我往矣,杨柳依依。"诗人体物之妙,侔于造化,然皆出于离人孽子征夫之口,故知感情真者,其观物亦真。

九

"驾彼四牡,四牡项领。我瞻四方,蹙蹙靡所骋。"以《离骚》《远游》数千言言之而不足者，独以十七字尽之，岂不诡哉！然以讥屈子之文胜，则亦非知言者也。

十

屈子感自己之感，言自己之言者也。宋玉、景差感屈子之所感，而言其所言；然亲见屈子之境遇，与屈子之人格，故其所言，亦殆与言自己之言无异。贾谊、刘向其遇略与屈子同，而才则逊矣。王叔师以下，但袭其貌而无真情以济之。此后人之所以不复为楚人之词者也。

十一

屈子之后，文学上之雄者，渊明其尤也。韦、柳之视渊明，其如贾、刘之视屈子乎？彼感他人之所感，而言他人之所言，宜其不如李、杜也。

十二

宋以后之能感自己之感，言自己之言者，其唯东坡乎！山谷可谓能言其言矣，未可谓能感所感也。遗山以下亦然。若国朝之新城，岂徒言一人之言已哉？所谓"莺偷百鸟声"者也。

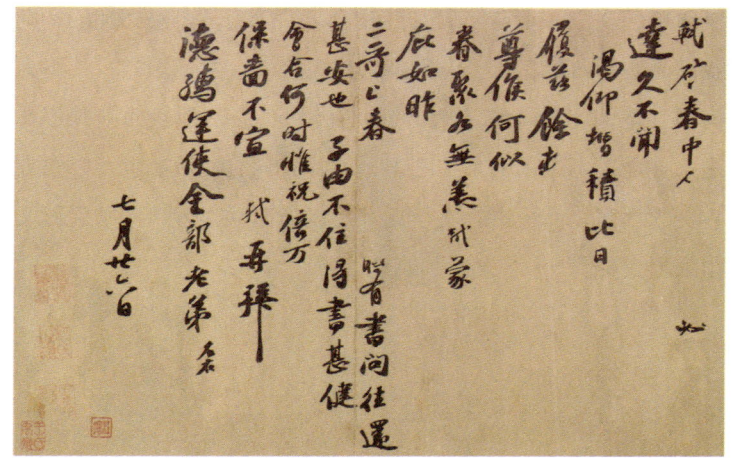

◎春中帖纸本　宋　苏轼

十三

诗至唐中叶以后，殆为羔雁之具矣。故五季、北宋之诗，（除一二大家外）无可观者，而词则独为其全盛时代。其诗词兼擅如永叔、少游者，皆诗不如词远甚。以其写之于诗者，不若写之于词者之真也。至南宋以后，词亦为羔雁之具，而词亦替矣（除稼轩一人外）。观此足以知文学盛衰之故矣。

十四

上之所论，皆就抒情的文学言之（《离骚》、诗词皆是）。

至叙事的文学（谓叙事诗、诗史、戏曲等，非谓散文也），则我国尚在幼稚之时代。元人杂剧辞则美矣，然不知描写人格为何事。至国朝之《桃花扇》，则有人格矣，然他戏曲则殊不称是。要之，不过稍有系统之词，而并失词之性质者也。以东方古文学之国，而最高之文学无一足以与西欧匹者，此则后此文学家之责矣。

十五

抒情之诗，不待专门之诗人而后能之也。若夫叙事，则其所需之时日长，而其所取之材料富。非天才而又有暇日者不能。此诗家之数之所以不可更仆数，而叙事文学家殆不能及百分之一也。

十六

《三国演义》无纯文学之资格，然其叙关壮缪之释曹操，则非大文学家不办。《水浒传》之写鲁智深，《桃花扇》之写柳敬亭、苏昆生，彼其所为固毫无意义，然以其不顾一己之利害，故犹使吾人生无限之兴

◎水浒人物　清　任薰

味,发无限之尊敬,况于观壮缪之矫矫者乎?若此者,岂真如汗德所云,实践理性为宇宙人生之根本欤?抑与现在利己之世界相比较,而益使吾人兴无涯之感也?则选择戏曲、小说之题目者,亦可以知所去取矣。

十七

吾人谓戏曲、小说家为专门之诗人,非谓其以文学为职业也。以文学为职业,馂馅的文学也。职业的文学家,以文学为生活;专门之文学家,为文学而生活。今馂馅的文学之途,盖已开矣。吾宁闻征夫思妇之声,而不屑使此等文学嚣然污吾耳也。

谈艺小言

《高昌壁画》及《石鼓考释》今晨持送乙老,渠谓此事可得数旬探索,维即请其以笔记之,不知此老能细书否耳。维疑前十二图确为六朝人画,至十三图以后有回纥字者当出唐人,因前画均无笔墨可寻,而第十三图以后则笔意生动,新旧分界当在于此。

(1916年9月9日)

巨师画,乙老前言前半似河阳,维已疑董、巨同出右丞,巨公当有此种笔法。……维于观明以后画无丝毫把握,唯于董、巨或能知之;且如此大卷,必有惊心动魄之处,以"气象"、"墨法"二者决之,可无误也。

(1916年11月1日)

前函言杨昇《雪山朝霁图》,写灞桥风雪意,此语大误。灞桥系平原大道,虽可望见南山,地势不得如此收缩。既非写孟浩然事，则疑其不出杨昇者误也。僧繇、探微不可得见，观其画知唐山画法已自精能，（大小李虽不可见，当与赵千里辈不甚相远。惟树法犹存汉魏六朝遗意。）右丞独不拘于形似而专写物意，故为南宗第一祖。杨画实为由张、陆辈至右丞之过渡，其可贵不在《江山雪霁》下也。

（1916年5月8、9、10日）

又有一卷雪景，树仿郭河阳，山石仿范中立，气象甚大，末有"千里伯驹"四字隶书款（款亦佳）。乍观之似马、夏一派，用笔甚粗而实有细处。向所传千里画皆金碧细皴，惟此独粗，盖内画近景与远景之不同，此恐千里真本。不观此画，不能知马、夏渊源（惟绢甚破碎）。乙甚赏此画，又甚以鄙言为然，谓得后乞跋之。……恐北宋流别中当以此为压卷（图中人物面皆敷朱）也。《雪山朝霁图》乃画灞桥风雪（开元中人未必画孟浩然事），恐在中唐以后，未必出杨昇手；此画实于右丞、北苑之间得一脉络。原本赋色否？

（1916年5月7日）

昨日赴哈园，书画展览会所陈列者，廉泉之物为多。有一山水立幅，宫子行题为荆浩，傅以赭绛，气势浑沦，略似北苑。山皴皆大披麻，悬泉两道与松树云气，画法全同北苑，唯

◎渔乐图卷　北宋　荆浩

下幅近处山石间用方折,有似荆法。此画当出董、巨以后,然不失为名迹也。

(1916年10月11日)

今日晴始出,过冰泉,已自粤归,携得北苑一卷、一幅。卷未见,立幅佳甚。幅不甚阔,系画近景,上山作粗点大笔披麻皴,并有矾头,下作四五枯树及泉水,并有小草,境界全在公所藏诸幅之外。幅上诗斗有(真)[香]光题字,略云仿李思训者。画上又有纯皇题诗一首,乃内府流出在孔氏岳雪楼者,此可谓剧迹(此幅绢极细而色较白)。其一卷盖已出外,索观不得。又一石谷临巨然《烟浮远岫》立幅,气魄雄厚,局势开张,用粗点大披麻皴,全得家法,尚想见原本神观(与《唐人诗意》幅不同,而与《万壑图》

◎唐人诗意图卷　清　王翚

相近）。

（1917年1月5日）

十七日过冰泉处，始见北苑《山居图》卷，令人惊心动魄。此卷与小幅，在公藏器几可与《溪山行旅》《群峰霁雪》抗衡。因绢素干净，故精神愈觉焕发。观《山居》卷，知香光得力全在此种。

（1917年1月13日）

过程冰泉……出示诸画。有巨然二幅，大而短，乃元、明间人所为（并非高手）。惟竹一大幅大佳，其竹乃渲染而成，有竹处无墨，而以淡墨为地，此法极奇；当中竹三四竿气象雄伟，一竿竹旁倒书"此竹值黄金百两"篆书二行。冰泉谓人言宋人画录中记此事，此极荒唐，惟此画尚是宋人笔墨。

(1916年10月3日)

昨为看巨师画预备一切，因悟北苑《群峰霁雪》卷多作蟹爪树，乃与河阳同出右丞。巨然出北苑而变为柔细，则似河阳固其宜也。惟气魄必有异人处，如公之河阳《秋山行旅》卷气象已极不同，何况巨公？

(1916年11月6日)

巨然卷，末题"钟陵寺僧巨然"六字，略似明人学钟太傅书者，似系后加。卷长二丈有余，不及三丈，前云五丈者，传闻之误也。全卷石法、树法全从北苑出，树根用北苑法，石有作短笔麻皴者（因画江景故）。虽不辟塞而丘壑特奇（宫室亦用董、巨法，前半仍是巨法，不似河阳。山石阴阳分晓，有宋人意，或者时已有此风亦未可知），温润处不如《唐人诗意》卷，气魄亦逊。窃谓此卷若以画法求之，则笔笔

◎秋山行旅图　北宋　郭熙

皆是董、巨，惟于真气惊人之处则比《秋山行旅》《群峰霁雪》《云壑飞泉》诸图皆有逊色，用墨有极黑处，当是宋人摹本，未敢遽定为真。

（1916年11月6日）

今晨又将董、巨诸画景印本展阅一过，觉昨所观《江山秋霁》卷为宋人摹本无疑。其石法、树法皆有渊源，惟于元气浑沦之点不及诸图远甚，用笔清润处亦觉不如。卷中高石皴法与《雪霁图》略同；短石作短笔麻皴，求之董、巨诸图，均所未见；似合洪谷、北苑为一家者，都不如诸立幅作大披麻皴及大雨点皴也。

（1916年11月7日、8日）

黄氏巨师画卷，维前所以谓为宋摹者，即以其深厚博大之处与真迹迥异，若论画法，则笔笔是董、巨，无可訾议，与公前后各书所论略同。顾崔逸所藏即《万壑图》，得公书乃恍然。窃意北苑画法备于《溪山行旅》《群峰霁雪》二图；《万壑松风》与未见之《潇湘图》，一大一细，当另是一种笔墨，其真实本领，实于前二图见之。巨然《唐人诗意》立幅虽无确据，然非董非米，舍巨师其谁为之？其中房屋小景，用笔温润浑厚，与《溪山行旅》异曲同工。黄氏卷惟有法度尚存，气象神味皆不如诸幅远矣。海内董、巨，恐遂止此数，不知陕石一卷何如耳。

(1916年11月15日)

今晨往谈,渠(按,指沈乙庵)出一《杨妃出浴图》见示,笔墨极静穆,无痕迹。行笔极细,稍着色,而面目已娟秀,不似唐人之丰艳。渠谓早则北宋人,迟则元、明摹本(此画渠已购得)。殆近之。

(1916年5月17日)

十二件内之王元章梅花虽系乙老推荐,而实未见此画。维见此画有气魄而不俗,又题款数行小楷极似公所藏王叔明《柳桥渔艇》卷后元章跋(俱王卷跋兼有柳法)。而此款字较小,全作小欧体,冬心平生多学此种(画心又极干净)。此幅若真,则尚算精品,唯究不知何如?亟待公观后一印证书。

(1916年11月25日)

景叔以五十元得一唐六如小卷(实横幅),纸本,极干净,无款,但有"唐居士印"四字,朱字牙章。其画石学李晞古笔意,颇极秀逸,如系伪品,恐亦须石谷辈乃能为此。

(1916年9月4日)

索乙老书扇。为书近作四律索和,三日间仅能交卷,而苦无精思名句。即乙老诗亦晦涩难解,不如前此诸章也。

(1916年8月30日)

为乙老写去年诗稿共十八页,二日半而戎。其中大有杰作,一为王聘三方伯作《鬻医篇》,一为《陶然亭诗》,而去年还嘉兴诸诗议论尤佳。其《卫大夫宏演墓诗》云:"亡虏幸偷生,有言皆粪土。"今日往谈,称此句,乙云:"非见今日事,不能为此语。"

(1916年12月28日)

读书小言

古今最大著述

余尝数古今最大著述,不过五六种。汉则司马迁之《史记》、许慎之《说文解字》,六朝则郦道元之《水经注》,唐则杜佑之《通典》,宋则沈括之《梦溪笔谈》,皆一空依傍,自创新体。后人著作书,不过赓续之、摩拟之、注释之、改正之而已。然《史记》诸书,皆搜辑旧闻为之,犹不过组织考核之功。惟《笔谈》皆自道其所得,其中虽杂以琐闻谐谑,与寻常杂家相等,然其精到之处,乃万劫不可磨灭,后人每无能继之者,可谓豪杰之士矣。

(《二牖轩随录》)

《史记》记六国事多取诸国国史

《史记》一书,虽以《左传》《国策》诸书为本,然其记六国事,亦多取于诸国国史。所谓金匮石室之书,自刘向校书,盖已不及见矣。《赵世家》一篇,多记神怪梦幻事,行文奇纵,当本于赵国之史,非后世小说所能仿佛也。兹列举之……此六事迷离惝恍,史公记他国事,皆不及此等事,疑皆仍列国旧史也。

(《二牖轩随录》)

佛法入中国

佛法入中国,在汉明帝之前。明都穆《两听记谈》:"秦时纱门室利序等至,始皇以为异,囚之。夜有金人,破户以出。"其言固不足信,然《汉书》"霍去病获休屠王祭天金人",鱼豢《魏略·西域传》"哀帝元寿元年,博士弟子秦景卢受大月氏使伊存口传浮图经",《隋书·经籍志》"张骞使西域,盖闻有浮屠之教",皆其证也。又隋释法经《上文帝书》:"昔方朔睹昆明下灰令问西域取决。刘向校书天禄阁,已见佛经。"方知前汉之世,圣法久至。

(《二牖轩随录》)

《木兰辞》之时代

乐府《木兰辞》,人人能诵之,然罕知其为何时之作。以余考之，则唐太宗时作也。其诗云："策勋十二转，赏赐百千强。"（按，隋以前，但有官品，未有勋级，唐始有之。）《唐六典》："司勋郎中掌邦国官人之勋级，凡十有二等。十二转为上柱国，比正二品。"则此诗为唐时所作无疑。又，诗中可汗与天子杂称，唐时惟太宗称天可汗，当是太宗时作。前人疑为六朝人诗，非是。

(《东山杂记》)

杜工部诗史

杜工部《忆昔》诗："忆昔开元全盛日，小邑犹藏万家室。稻米流脂粟米白，公私仓廪俱丰实。九州道路无豺虎，远行不劳吉日出。"此追怀开元末年事。《通典》载："开元十三年封泰山，米斗至十三文，青、齐谷斗至五文。自后天下无贵物，两京米斗不至二十文，面三十五文，绢一匹二百一十文。"正此时也。仅十余年，至天宝十四载十一月，工部自京赴奉先县，作《咏怀》诗，时渔阳反状未闻也，乃云"朱门酒肉臭，路有冻死骨"，又云："入门闻号啕，幼子饥已卒，所愧为人父，无食致夭折。生常免租税，名不隶征伐，抚迹犹酸辛，平人固骚屑。"盖此十年间，吐蕃云南，相继构兵，女谒贵戚，穷极奢侈，遂使安禄山得因之而起。君子读此诗，不待渔阳鼙鼓，而早知唐之必乱矣。

杜诗云:"终须相就饮一斗,恰有三百青铜钱",此至德初长安酒价也。"岂闻区绢直万钱",此广德蜀中绢价也。"云帆转辽海,粳稻来东吴",此天宝间渔阳海运事也。三者史所不载,而于工部诗中见之,此其所以为史诗欤?

(《东山杂记》)

唐代诗文书籍平浅易解

唐代不独有俗体诗文,即所著书籍,亦有平浅易解者,如《太公家教》是也。《太公家教》一书,见于《李习之文集》,至于文中子《中说》并称。宋王明清《玉照新志》亦称其书。顾世无传

杜甫像轴　元　赵孟頫

本。近世敦煌所出凡数本……观其多用俗语，而文极芜杂无次序，盖唐时乡学究之所作也。

(《东山杂记》)

《望江南》《菩萨蛮》风行之速

上虞罗氏藏敦煌所出唐写本《春秋后语》背记，有唐咸通间人所书《望江南》二阕、《菩萨蛮》词一阕，别字甚多，盖僧雏戏笔。此二阕，唐人最多为之。其风行实始于太和中间，不十年间，已传至边陲，可见风行之速矣。

(《东山杂记》)

小说与说书

通俗小说称若干回者，实出于古之说书。所谓"回"者，盖说书时之一段落也。说书不知起于何时，其见于记载者，以北宋为始。高承《事物纪原》(九)云："仁宗时市人有能谈国事者，或采其说，加缘饰作影人。"《东坡志林》(六)云："王彭尝云，涂巷中小儿薄劣，为其家所厌苦，辄与钱，令聚坐听说古话。至说三国事，闻刘玄德败，频眉蹙；闻曹操败，即喜唱快。"孟元老《东京梦华录》所载：崇宁大观以来，京瓦伎艺，则讲史有李慥、杨中立、张十一、徐明、赵世亨五人；小说有王颜喜、盖中宝、刘名广三人；又有"霍四究说三分，尹常卖五代史"。则北宋之末已有讲史、小说二种。说三分与卖五代史，亦讲史之类也。南渡后，总谓之说话。宋无名氏《都城纪胜》谓说话有四种：一小说，一说经，一说参请，一说史书。周密《武林旧事》、吴自牧《梦粱录》所记略同。《纪胜》与《梦粱录》并谓"小说，人能以一朝一代故事，顷刻间提破"，则小说同说史书亦无大别，然大抵敷衍烟粉灵怪，无关史事者。说经则说佛经，说参请则说宾主参禅道等事，而以小说与说史为最著。此种小说，传于今日者，有旧本《宣和遗事》二卷……《五代平话》一书……吾国古小说之存者，惟此二书而已。

(《东山杂记》)

通俗小说源出宋代

今之通俗小说，如《水浒传》《三国演义》《西游记》《封神榜》诸书，大抵明人所润色，然其源皆出于宋代。《三国演义》与《西游记》，前条既言之矣。《水浒传》亦出《宣和遗事》。又《录鬼簿》所载元人杂剧，其咏水浒事者，多至十三本。其事与今书多不同，盖其祖本亦非一本。又元杂剧中《摘星楼比干剖腹》，乃演封神榜之事；《谢金吾诈拆清风府》及《吴天塔孟良盗骨殖》，乃演杨家将之事；它如《包待制三勘蝴蝶梦》《包待制智斩鲁斋郎》《包待制智勘后庭花》《包待制智赚灰阑记》《包待制智赚合同文字》《糊突包待制》《包待制判断烟花儿》，则《龙图公案》之祖也；《秦太师东窗事犯》，则《岳传》之祖也。《梦粱录》载南渡说史书者，或敷衍《复华编》《中兴诸将传》，则《岳传》在宋时已有小说。至戏曲小说同演一事者，孰后孰先，颇难臆断。至其文字结构，则以现存《五代平话》《宣和遗事》《大唐三藏取经诗话》观之，尚不及戏曲远甚，更无论后代小说。然则今之《水浒》《西游》《三国演义》等，实皆明人之作。宋、元间之祖本，决不能如是进步也。

（《东山杂记》）

周邦彦《诉衷情》一阕为李师师所作

曩撰《清真先生遗事》，颇辨《贵耳集》《浩然斋雅谈》所载周清真与李师师事之误。然清真《片玉词》中有《诉衷情》一阕，曰："当时选舞万人长。玉带小排方。喧传京国声价，年少最无量。"

"花阁迥，酒筵香，想难忘。而今何事，俛向人前，不认周郎。"（按，玉带排方，乃宋时乘舆之服。亲王大臣赐玉带者，以方团别之，复加佩玉鱼金鱼）且有宋一代，人臣及外戚之赐玉带者，不过数十人。其便服玉带，虽上下通用，然不知倡优何以得服此，且用排方，与天子无别。颇疑此词为师师作矣。（按，师师曾赐金带，见于当时公牍《三朝北盟会编》。）靖康元年正月十五日圣旨："应有官无官诸色人，曾经赐金带，各据前项所赐条数，自陈纳官，如敢隐蔽，许人告犯，重行遣断。"后有尚书省指挥云："赵元奴、李师师、王仲端，曾经祇候、倡优之家，曾经赐金带者，并行陈纳。"《老学庵笔记》亦言："朱励家奴数十人，皆服金带。"宋制亦三品以上方许服金带，乃倡优奴隶皆得此赐，则玉带排方或出内赐，亦未可知。僭滥至此，真五行传所谓服妖者矣。

（《东山杂记》卷二）

赵子昂

文人事异姓者，易代之际往往而有，然后人责备最至者，莫如赵子昂。元僧某《题赵子昂书（归去来辞）》云："典午山河半已墟，褰裳胄逝望吾庐。翰林学士宋公子，好事多应醉里书。"虞堪胜伯题其《苕溪图》云："吴兴公子玉堂仙，写出苕溪似纲川。回首青山红树下，那无十亩种瓜田。"周良右题其画竹则云："中原日暮龙旗远，南国春深水殿寒。留得一枝烟雨里，又随人去报平安。"沈石田题其画马则云："隅目晶梵耳竹披，江南流落乘黄姿。千金千里无人识，笑看胡儿买去骑。"王渔洋题其画羊则云："南渡铜驼犹恋洛，西来玉马已朝周。

◎真草千字文　元　赵子昂

牧羝落尽苏卿节，五字河梁万古愁。"诸家攻之不遗余力，而虞胜伯一绝，温厚深婉，尤为可诵。虽然，渊渊玉俭，彼何人哉，如赵王孙者，犹其为次也。

（《东山杂记》卷二）

元剧之三期

予尝分元剧为三期：（一）蒙古时代。此自太宗取中原之后，至至元一统之初。《录鬼簿》上所著之五十七人，大都在此期中，其人皆北方产也。（二）一统时代。则自至元一统后，至至顺后至元时。《录鬼簿》下所谓"已亡名公才人，与余相知，或不相知者"，皆在此期中。其中以南人为多，否则北人而旅居南方者也。（三）叔季时代。则顺帝至正间人，《录鬼簿》所谓"方今才人"是也。此三期中，以第一期为最盛，元剧之杰作皆出于此期中，其剧存者亦多。至第二期，除郑光祖、乔吉二家外，殆无足观，其曲存者亦罕。至第三期则存者更罕，仅有秦简夫、萧德祥、朱士凯、王晔五剧，其视蒙古时代之剧，衰微甚矣。就元剧家之里居考之，则作杂剧者六十三人中，北人得五十，南人得十三人。又北人之中，则中书省所辖之地，即今之直隶、山东西产者，又得四十五人。而其中大都二十人，平阳当大都之半。（按，《元史·太宗纪》：七年，"耶律楚材请立编修所于燕京，以经籍所于平阳，编集经史"。）至世祖至元二年，始徙平阳经籍所于京师。则北方除大都外，以平阳为文物最盛之地，宜杂剧家之多出也。

（《二牖轩随录》）

杂剧之作者

蒙古人中有作小令、套数者；然作杂剧者，则惟汉人（中李直夫为女真人）。大臣之中有作小令、套数者；然作杂剧者，大抵布衣，否则为省掾令史之属。盖自金人重吏，自掾史出身者，其任用或反优于科目。至蒙古灭金，而科目之废，垂八十年，为唐宋以来未有之事。故文章之士，非刀笔吏无以进身；则杂剧家之多出于掾史中，不足怪也。

（《二牖轩随录》）

杂剧发达之原因

明沈德符《野获编》、臧懋循《元曲选序》，谓元初灭金时，曾以词曲取士，其说固妄诞不足道。余则谓元之废科目，却为杂剧发达之原因。盖唐宋以来，士人竞于科目，已非一朝一夕之事，一旦废斥，彼其才力无所用，而一于杂剧发之。且金时就科目者，其业至为浅陋，观《归潜志》所载科目事可知。此种人士，一旦失其所业，固不能为学术上之事，而高文典册，又非其所素习也。适有杂剧新体出，遂多从事于此；而又有一二天才出于其间，充其才力，而元之杂剧，遂为千古独绝之文字。然则由杂剧家之时代爵里，以推元剧创造之时代，及其发达之原因，如上所陈者，固非想象之说也。

（《二牖轩随录》）

关马白郑

元代曲家,昔称关马郑白。然以时代与其所诣考之,不如称关马白郑为妥也。关汉卿一空傍倚,自铸伟词,而其词曲尽人情,字字本色,故当为元人第一。白仁甫、马致远之词,高华雄浑,情深文明。郑德辉清丽芊绵,自成馨逸,均不失为第一流。其余曲家,均不出前四家范围内。惟官大用瘦硬通神,独树一帜,其品当在关、马之间。明人《曲品》,跻马致远于第一,而抑汉卿于后。盖元中叶以后,学马、郑者多,而学汉卿者少故也。

(《二牖轩随录》)

钱牧斋

冯巳苍《海虞妖乱志》,写明宁王大夫之谤张贪乱,几于燃犀烛牛渚,铸鼎像魑魅。实代之奇作也。书中于钱牧斋元一恕词,且不满于瞿忠宣。巳苍虽牧斋门人,然直道所见,亦不能为之讳也。顾此书,则牧斋乙未后之事,乃此固然,毫不足怪,其为众恶所归,又遭文字之禁,乃出于人心之公,非一朝之私见。尤可笑者,嘉道间,陈云伯为常熟令,修柳夫人冢,牧斋冢在其侧,不过数十步,无过问者。时钱梅溪在云伯幕中,为集苏文忠公书五字,曰"东涧老人墓",刻石立之,见者无不窃笑。又吴枚庵《国朝诗选》以明末诸人，别为二卷附录，其第一人为彭捃，字谦之，常山人。初疑无此姓名，及读其诗，皆牧斋作也。此虽缘当日有文字之禁，故出于此。然令牧斋身后，与羽素兰同科，亦谑而虐矣。

(《东山杂记》)

《日知录》中泛论多有为而为

顾亭林先生《日知录》中泛论，亦多有为而为。如"自古以文辞欺人者莫如谢灵运"一节，为钱牧斋发也；"嵇绍不当仕晋"一则，为潘稼堂发也。

(《东山杂记》)

国朝学术

国朝三百年学术，启于黄、王、顾、江诸先生，而开乾嘉以后专门之风气者，则以东原戴氏为首。东原享年不永，著述亦多未就者，然其精深博大，除汉北海郑氏外，殆未有其比。一时交游门第，亦能本其方法，光大其学……戴氏礼学，虽无成书，然曲阜孔氏、歙县金氏、绩溪胡氏之学，皆出戴氏。其于小学亦然，书虽未成，而其转注假借之说，段氏据之以注《说文》，王、郝二氏训诂音韵之学，亦由此出。戴君《考工记图》，未为精确，歙县程氏以悬解之才，兼据实物以考古籍，其《磬折古义》《考工创物小记》等书，精密远出戴氏其上，而《释虫小记》《九谷考》等，又于戴氏之外，自辟蹊径。程氏与东原虽称老友，然亦同东原之风而起者。大抵国初诸老，根柢本深，规模亦大，而粗疏在所不免；乾嘉诸儒，亦有根柢，有规模，而加之以专，行之以密，故所得独多；嘉道以后，经则主今文，史则主辽金元，地理则攻西北，此数者亦学者所当有事，诸儒所攻，究不为无功，然于根柢规模，逊于前人远矣。

（《东山杂记》）

清诸帝相貌

奉天崇谟阁中藏《太祖高皇帝实录》，以满、汉、蒙古三种文作三层书之，每层皆有图。其中太祖大王（即礼亲王代善）、四王（即太宗文皇帝）诸像，皆极魁伟丰腴；而敬典阁所藏高宗、仁宗、宣宗像，则皆清癯如老诸生。世传高宗为海宁陈氏子，世宗生女，适以易之。语虽不经，然此说遍天下。盖因高宗骨相，与列祖微异故也。

（《阅古漫录》）

人间词话

《人间词话》定稿（六十四则）

［一］词以境界为最上。有境界，则自成高格，自有名句。五代、北宋之词所以独绝者在此。

［二］有造境，有写境，此"理想"与"写实"二派之所由分。然二者颇难分别，因大诗人所造之境必合乎自然，所写之境亦必邻于理想故也。

［三］有有我之境，有无我之境。"泪眼问花花不语，乱红飞过秋千去"，"可堪孤馆闭春寒，杜鹃声里斜阳暮"，有我之境也。"采菊东篱下，悠然见南山"，"寒波澹澹起，白鸟悠悠下"，无我之境也。有我之境，以我观物，故物皆着我之色彩。无我之境，以物观物，故不知何者为我，何者为物。古人为词，写有我之境者为多。然未始不能写无我之境，此在豪杰之士能自树立耳。

［四］无我之境，人惟于静中得之。有我之境，于由动之

静时得之。故一优美，一宏壮也。

[五]自然中之物，互相关系，互相限制。然其写之于文学及美术中也，必遗其关系限制之处。故写实家亦理想家也。又虽如何虚构之境，其材料必求之于自然，而其构造亦必从自然之法律。故理想家亦写实家也。

[六]境非独谓景物也，喜怒哀乐亦人心中之一境界。故能写真景物真感情者，谓之有境界。否则谓之无境界。

[七]"红杏枝头春意闹"，着一"闹"字而境界全出；"云破月来花弄影"，着一"弄"字而境界全出矣。

[八]境界有大小，不以是而分优劣。"细雨鱼儿出，微风燕子斜"，何遽不若"落日照大旗，马鸣风萧萧""宝帘闲挂小银钩"，何遽不若"雾失楼台，月迷津渡"也。

[九]严沧浪《诗话》谓："盛唐诸公，唯在兴趣。羚羊挂角，无迹可求。故其妙处，透澈玲珑，不可凑拍，如空中之音，相中之色，水中之影，镜中之象，言有尽而意无穷。"余谓北宋以前之词亦复如是。然沧浪所谓"兴趣"，阮亭所谓"神韵"，犹不过道其面目，不若鄙人拈出"境界"二字，为探其本也。

[十]太白纯以气象胜。"西风残照，汉家陵阙"，寥寥八字，遂关千古登临之口。后世唯范文正之《渔家傲》、夏英公之《喜迁莺》，差足继武，然气象已不逮矣。

[十一]张皋文谓飞卿之词"深美闳约"，余谓此四字唯冯

◎红梅鹓鸪图　清末　于非闇

正中足以当之。刘融斋谓"飞卿精艳绝人",差近之耳。

[十二]"画屏金鹧鸪",飞卿语也,其词品似之。"弦上黄莺语",端己语也,其词品亦似之。正中词品,若欲于其词句中求之,则"和泪试严妆",殆近之欤?

[十三]南唐中主词"菡萏香销翠叶残,西风愁起绿波间",大有众芳芜秽,美人迟暮之感。乃古今独赏其"细雨梦回鸡塞远,小楼吹彻玉生寒",故知解人正不易得。

[十四]温飞卿之词,句秀也;韦端己之词,骨秀也;李重光之词,神秀也。

[十五]词至李后主而眼界始大,感慨遂深,遂变伶工之词而为士大夫之词。周介存置诸温、韦之下,可谓颠倒黑白矣。"自是人生长恨水长东","流水落花春去也,天上人间",

《金荃》《浣花》能有此气象耶!

[十六] 词人者,不失其赤子之心者也。故生于深宫之中,长于妇人之手,是后主为人君所短处,亦即为词人所长处。

[十七] 客观之诗人,不可不多阅世,阅世愈深,则材料愈丰富、愈变化,《水浒传》《红楼梦》之作者是也。主观之诗人,不必多阅世,阅世愈浅,则性情愈真,李后主是也。

[十八] 尼采谓:"一切文学,余爱以血书者。"后主之词,真所谓以血书者也。宋道君皇帝《燕山亭》词亦略似之。然道君不过自道身世之戚,后主则俨有释迦、基督担荷人类罪恶之意,其大小固不同矣。

[十九] 冯正中词虽不失五代风格,而堂庑特大,开北宋一代风气。与中、后二主词皆在《花间》范围之外,宜《花间集》中不登其只字也。

[二十] 正中词除《鹊踏枝》《菩萨蛮》十数阕最煊赫外,如《醉花间》之"高树鹊衔巢,斜月明寒草",余谓韦苏州之"流萤渡高阁",孟襄阳之"疏雨滴梧桐"不能过也。

[二一] 欧九《浣溪沙》词"绿杨楼外出秋千",晁补之谓只一"出"字,便后人所不能道。余谓此本于正中《上行杯》词"柳外秋千出画墙",但欧语尤工耳。

[二二] 梅圣俞《苏幕遮》词:"落尽梨花春事了,满地斜阳,翠色和烟老。"刘融斋谓:少游一生似专学此种。余谓:冯正中《玉楼春》词:"芳菲次第长相续,自是情多无处足,

尊前百计得春归,莫为伤春眉黛促。"永叔一生似专学此种。

[二三]人知和靖《点绛唇》、圣俞《苏幕遮》、永叔《少年游》三阕为咏春草绝调,不知先有正中"细雨湿流光"五字,皆能摄春草之魂者也。

[二四]《诗·蒹葭》一篇最得风人深致。晏同叔之"昨夜西风凋碧树,独上高楼,望尽天涯路",意颇近之。但一洒落,一悲壮耳。

[二五]"我瞻四方,蹙蹙靡所骋",诗人之忧生也。"昨夜西风凋碧树,独上高楼,望尽天涯路"似之。"终日驰车走,不见所问津",诗人之忧世也。"百草千花寒食路,香车系在谁家树"似之。

[二六]古今之成大事业、大学问者,必经过三种之境界。"昨夜西风凋碧树,独上高楼,望尽天涯路",此第一境也。"衣带渐宽终不悔,为伊消得人憔悴",此第二境也。"众里寻他千百度,回头蓦见,那人正在灯火阑珊处",此第三境也。此等语皆非大词人不能道。然遽以此意解释诸词,恐晏、欧诸公所不许也。

[二七]永叔"人间自是有情痴,此恨不关风与月","直须看尽洛城花,始与东风容易别",于豪放之中有沉着之致,所以尤高。

[二八]冯梦华《宋六十一家词选·序例》谓:"淮海、小山,古之伤心人也,其淡语皆有味,浅语皆有致。"余谓此唯

淮海足以当之。小山矜贵有余,但可方驾子野、方回,未足抗衡淮海也。

[二九]少游词境最凄婉,至"可堪孤馆闭春寒,杜鹃声里斜阳暮",则变而凄厉矣。东坡赏其后二语,犹为皮相。

[三十]"风雨如晦,鸡鸣不已","山峻高以蔽日兮,下幽晦以多雨。霰雪纷其无垠兮,云霏霏而承宇","树树皆秋色,山山尽落晖","可堪孤馆闭春寒,杜鹃声里斜阳暮",气象皆相似。

[三一]昭明太子称陶渊明诗"跌宕昭彰,独超众类,抑扬爽朗,莫之与京"。王无功称薛收赋"韵趣高奇,词义旷远,嵯峨萧瑟,真不可言"。词中惜少此二种气象,前者唯东坡,后者唯白石,略得一二耳。

[三二]词之雅、郑,在神不在貌。永叔、少游虽作艳语,

◎秋色图　元人

终有品格。方之美成，便有淑女与倡伎之别。

［三三］美成深远之致不及欧秦，唯言情体物，穷极工巧，故不失为一流之作者。但恨创调之才多，创意之才少耳。

［三四］词忌用替代字。美成《解语花》之"桂华流瓦"，境界极妙，惜以"桂华"二字代"月"耳。梦窗以下，则用代字更多。其所以然者，非意不足，则语不妙也。盖意足则不暇代，语妙则不必代。此少游之"小楼连苑""绣毂雕鞍"，所以为东坡所讥也。

［三五］沈伯时《乐府指迷》云："说桃不可直说破桃，须用'红雨''刘郎'等字；说柳不可直说破柳，须用'章台''霸岸'等字。"若惟恐人不用代字者。果以是为工，则古今类书具在，又安用词为耶？宜其为《提要》所讥也。

［三六］美成《苏幕遮》词："叶上初阳乾宿雨，水面清圆，一一风荷举。"此真能得荷之神理者。觉白石《念奴娇》《惜红衣》二词犹有隔雾看花之恨。

［三七］东坡《水龙吟·咏杨花》，和韵而似原唱；章质夫词，原唱而似和韵。才之不可强也如是！

［三八］咏物之词，自以东坡《水龙吟》为最工。邦卿《双双燕》次之。白石《暗香》《疏影》格调虽高，然无一语道着，视古人"江边一树垂垂发"等句何如耶？

［三九］白石写景之作，如"二十四桥仍在，波心荡、冷月无声"，"数峰清苦，商略黄昏雨"，"高树晚蝉，说西风消息"，

虽格韵高绝，然如雾里看花，终隔一层。梅溪、梦窗诸家写景之病，皆在一隔字。北宋风流，渡江遂绝，抑真有运会存乎其间耶？

［四十］问"隔"与"不隔"之别，曰：陶、谢之诗不隔，延年则稍隔矣；东坡之诗不隔，山谷则稍隔矣。"池塘生春草"，"空梁落燕泥"等二句，妙处唯在不隔。词亦如是。即以一人一词论，如欧阳公《少年游·咏春草》上半阕云："阑干十二独凭春，晴碧远连云，千里万里，二月三月，行色苦愁人。"语语都在目前，便是不隔。至云"谢家池上，江淹浦畔"，则隔矣。白石《翠楼吟》："此地，宜有词仙，拥素云黄鹤，与君游戏。玉梯凝望久，叹芳草萋萋千里。"便是不隔。至"酒祓清愁，花消英气"，则隔矣。然南宋词虽不隔处，比之前人，自有浅深厚薄之别。

［四一］"生年不满百，常怀千岁忧。昼短苦夜长，何不秉烛游！""服食求神仙，多为药所误。不如饮美酒，被服纨与素。"写情如此，方为不隔。"采菊东篱下，悠然见南山。山气日夕佳，飞鸟相与还。""天似穹庐，笼盖四野。天苍苍，野茫茫，风吹草低见牛羊。"写景如此，方为不隔。

［四二］古今词人格调之高，无如白石。惜不于意境上用力，故觉无言外之味，弦外之响，终不能与于第一流之作者也。

［四三］南宋词人，白石有格而无情，剑南有气而乏韵，

其堪与北宋人颉颃者,唯一幼安耳。近人祖南宋而祧北宋,以南宋之词可学,北宋不可学也。学南宋者,不祖白石,则祖梦窗,以白石、梦窗可学,幼安不可学也。学幼安者,率祖其粗犷滑稽,以其粗犷滑稽处可学,佳处不可学也。幼安之佳处,在有性情,有境界。即以气象论,亦有"傍素波、干青云"之概。宁后世龌龊小生所可拟耶?

[四四] 东坡之词旷,稼轩之词豪。无二人之胸襟而学其词,犹东施之效捧心也。

[四五] 读东坡、稼轩词,须观其雅量高致,有伯夷、柳下惠之风。白石虽似蝉蜕尘埃,然终不免局促辕下。

[四六] 苏、辛词中之狂,白石犹不失为狷,若梦窗、梅溪、玉田、草窗、西麓辈,面目不同,同归于乡愿而已。

[四七] 稼轩中秋饮酒达旦,用《天问》体作《木兰花慢》以送月,曰:"可怜今夕月,向何处,去悠悠?是别有人间,

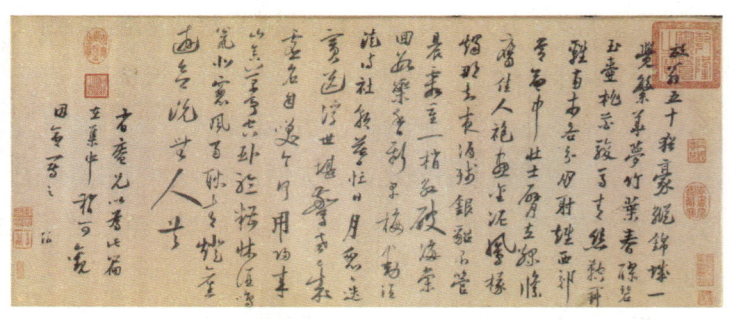

◎怀成都十韵诗卷(节选) 宋 陆游

那边才见,光景东头。"词人想象,直悟月轮绕地之理,与科学家密合,可谓神悟。

[四八]周介存谓:"梅溪词中喜用'偷'字,足以定其品格。"刘融斋谓:"周旨荡而史意贪。"此二语令人解颐。

[四九]介存谓梦窗词之佳者,如"水光云影,摇荡绿波,抚玩无极,迫寻已远。"余览《梦窗甲乙丙丁稿》中,实无足当此者。有之,其"隔江人在雨声中,晚风菰叶生秋怨"二语乎。

[五十]梦窗之词,余得取其词中之一语以评之曰:"映梦窗,凌乱碧。"玉田之词,余得取其词中之一语以评之曰:"玉老田荒。"

[五一]"明月照积雪""大江流日夜""中天悬明月""长河落日圆",此种境界,可谓千古壮观。求之于词,唯纳兰容若塞上之作,如《长相思》之"夜深千帐灯"、《如梦令》之"万帐穹庐人醉,星影摇摇欲坠"差近之。

[五二]纳兰容若以自然之眼观物,以自然之舌言情。此由初入中原,未染汉人风气,故能真切如此。北宋以来,一人而已。

[五三]陆放翁跋《花间集》,谓:"唐季五代,诗愈卑,而倚声辄简古可爱。能此不能彼,未可以理推也。"《提要》驳之,谓:"犹能举七十斤者,举百斤则蹶,举五十斤则运掉自如。"其言甚辨。然谓词必易于诗,余未敢信。善乎陈卧子之

言曰:"宋人不知诗而强作诗,故终宋之世无诗。然其欢愉愁苦之致,动于中而不能抑者,类发于诗余,故其所造独工。"五代词之所以独胜,亦以此也。

[五四]四言敝而有《楚辞》,《楚辞》敝而有五言,五言敝而有七言,古诗敝而有律绝,律绝敝而有词。盖文体通行既久,染指遂多,自成习套。豪杰之士,亦难于其中自出新意,故遁而作他体,以自解脱,一切文体所以始盛终衰者,皆由于此。故谓文学后不如前,余未敢信。但就一体论,则此说固无以易也。

[五五]诗之三百篇、十九首,词之五代、北宋,皆无题也。非无题也,诗词中之意,不能以题尽之也。自《花庵》《草堂》每调立题,并古人无题之词亦为之作题。如观一幅佳山水,而即曰此某山某河,可乎?诗有题而诗亡,词有题而词亡。然中材之士,鲜能知此而自振拔者矣。

[五六]大家之作,其言情也必沁人心脾,其写景也必豁人耳目,其词脱口而出,无娇揉妆束之态。以其所见者真,所知者深也。诗词皆然。持此以衡古今之作者,可无大误矣。

[五七]人能于诗词中不为美刺投赠之篇,不使隶事之句,不用粉饰之字,则于此道已过半矣。

[五八]以《长恨歌》之壮采,而所隶之事,只"小玉双成"四字,才有余也。梅村歌行,则非隶不办。白、吴优劣,

即于此见。不独作诗为然,填词家亦不可不知也!

[五九]近体诗体制,以五七言绝句为最尊,律诗次之,排律最下。盖此体于寄兴言情,两无所当,殆有韵之骈体文耳。词中小令如绝句,长调似律诗,若长调之《百字令》《沁园春》等,则近于排律矣。

[六十]诗人对宇宙人生,须入乎其内,又须出乎其外。入乎其内,故能写之;出乎其外,故能观之。入乎其内,故有生气;出乎其外,故有高致。美成能入而不能出,白石以降,于此二事皆未梦见。

[六一]诗人必有轻视外物之意,故能以奴仆命风月。又必有重视外物之意,故能与花草共忧乐。

[六二]"昔为倡家女,今为荡子妇。荡子行不归,空床难独守。""何不策高足,先据要路津?无为守穷贱,轗轲长苦辛。"可谓淫鄙之尤。然无视为淫词、鄙词者,以其真也。五代、北宋之大词人亦然,非无淫词,读之者但觉其亲切动人;非无鄙词,但觉其精力弥满。可知淫词与鄙词之病,非淫与鄙之病,而游词之病也。"岂不尔思,室是远而,"而子曰:"未之思也,夫何远之有?"恶其游也。

[六三]"枯藤老树昏鸦,小桥流水平沙,古道西风瘦马。夕阳西下,断肠人在天涯。"此元人马东篱《天净沙》小令也。寥寥数语,深得唐人绝句妙境。有元一代词家,皆不能办此也。

○梧桐庭院图页　宋　佚名

[六四]白仁甫《秋夜梧桐雨》剧,沉雄悲壮,为元曲冠冕。然所作《天籁词》,粗浅之甚,不足为稼轩奴隶。岂创者易工,而因者难巧欤?抑人各有能有不能也?读者观欧、秦之诗远不如词,足透此中消息。

《人间词话》删稿(四十九则)

[一]白石之词,余所最爱者,亦仅二语,曰:"淮南皓月冷千山,冥冥归去无人管。"

[二]双声、叠韵之论,盛于六朝,唐人犹多用之。至宋以后,则渐不讲,并不知二者为何物。乾嘉间,吾乡周松霭先生著《杜诗双声叠韵谱括略》,正千余年之误,可谓有功文苑

者矣。其言曰："两字同母谓之双声，两字同韵谓之叠韵。"余按用今日各国文法通用之语表之，则两字同一子音者谓之双声。如《南史·羊元保传》之"官家恨狭，更广八分"，"官家更广"四字，皆从k得声。《洛阳伽蓝记》之"狞奴慢骂"，"狞奴"二字，皆从n得声。"慢骂"两字，皆从m得声也。两字同一母音者，谓之叠韵。如梁武帝"后牖有朽柳"，"后牖有"三字，双声而兼叠韵。"有朽柳"三字，其母音皆为u。刘孝绰之"梁皇长康强"，"梁长强"三字，其母音皆为ian也。自李淑《诗苑》伪造沈约之说，以双声叠韵为诗中八病之二，后世诗家多废而不讲，亦不复用之于词。余谓苟于词之荡漾处多用叠韵，促结处用双声，则其铿锵可诵，必有过于前人者。惜世之专讲音律者，尚未悟此也。

[三] 昔人但知双声之不拘四声，不知叠韵亦不拘平、上、去三声。凡字之同母者，虽平仄有殊，皆叠韵也。

[四] 诗之唐中叶以后，殆为羔雁之具矣。故五代北宋之诗，佳者绝少，而词则为其极盛时代。即诗词兼擅如永叔、少游者，词胜于诗远甚。以其写之于诗者，不若写之于词者之真也。至南宋以后，词亦为羔雁之具，而词亦替矣。此亦文学升降之一关键也。

[五] 曾纯甫中秋应制，作《壶中天慢》词，自注云："是夜，西兴亦闻天乐。"谓宫中乐声，闻于隔岸也。毛子晋谓："天神亦不以人废言。"近冯梦华复辨其诬。不解"天乐"两字

文义，殊笑人也。

〔六〕北宋名家以方回为最次。其词如历下、新城之诗，非不华瞻，惜少真味。

〔七〕散文易学而难工，骈文难学而易工。近体诗易学而难工，古体诗难学而易工。小令易学而难工，长调难学而易工。

〔八〕古诗云："谁能思不歌？谁能饥不食？"诗词者，物之不得其平而鸣者也。故欢愉之辞难工，愁苦之言易巧。

◎疏柳寒鸦　宋　梁楷

[九]社会上之习惯,杀许多之善人。文学上之习惯,杀许多之天才。

[十]昔人论诗词,有景语、情语之别。不知一切景语,皆情语也。

[十一]词家多以景寓情。其专作情语而绝妙者,如牛峤之"甘作一生拼,尽君今日欢",顾敻之"换我心为你心,始知相忆深",欧阳修之"衣带渐宽终不悔,为伊消得人憔悴",美成之"许多烦恼,只为当时,一饷留情",此等词求之古今人词中,曾不多见。

[十二]词之为体,要眇宜修。能言诗之所不能言,而不能尽言诗之所能言。诗之境阔,词之言长。

[十三]言气质,言神韵,不如言境界。有境界,本也。气质、神韵,末也。有境界而二者随之矣。

[十四]"西风吹渭水,落日满长安。"美成以之入词,白仁甫以之入曲,此借古人之境界为我之境界者也。然非自有境界,古人亦不为我用。

[十五]长调自以周、柳、苏、辛为最工。美成《浪淘沙慢》二词,精壮顿挫,已开北曲之先声。若屯田之《八声甘州》,东坡之《水调歌头》,则伫兴之作,格高千古,不能以常调论也。

[十六]稼轩《贺新郎》词"送茂嘉十二弟",章法绝妙。且语语有境界,此能品而几于神者。然非有意为之,故后人不

能学也。

[十七]稼轩《贺新郎》词:"柳暗凌波路。送春归猛风暴雨,一番新绿。"又《定风波》词:"从此酒酣明月夜。耳热。""绿""热"二字,皆作上去用。与韩玉《东浦词》《贺新郎》以"玉""曲"叶"注""女",《卜算子》以"夜""谢"叶"食""月",已开北曲四声通押之祖。

[十八]谭复堂《箧中词选》谓:"蒋鹿潭《水云楼词》与成容若、项莲生,二百年间,分鼎三足。"然《水云楼词》小

◎月夜看潮图　宋　李嵩

令颇有境界,长调惟存气格。《忆云词》精实有余,超逸不足,皆不足与容若比。然视皋文、止庵辈,则倜乎远矣。

[十九]词家时代之说,盛于国初。竹垞谓:词至北宋而大,至南宋而深。后此词人,群奉其说。然其中亦非无具眼者。周保绪曰:"南宋下不犯北宋拙率之病,高不到北宋浑涵之诣。"又曰:"北宋词多就景叙情,故珠圆玉润,四照玲珑。至稼轩、白石,一变而为即事叙景,故深者反浅,曲者反直。"潘四农曰:"词滥觞于唐,畅于五代,而意格之闳深曲挚,则莫盛于北宋。词之有北宋,犹诗之有盛唐。至南宋则稍衰矣。"刘融斋曰:"北宋词用密亦疏、用隐亦亮、用沈亦快、用细亦阔、用精亦浑。南宋只是掉转过来。"可知此事自有公论。虽止庵词颇浅薄,潘刘尤甚。然其推尊北宋,则与明季云间诸公,同一卓识也。

[二十]唐五代北宋词,可谓生香真色。若云间诸公,则彩花耳。湘真且然,况其次也者乎?

[二一]《衍波词》之佳者,颇似贺方回。虽不及容若,要在浙中诸子之上。

[二二]近人词如《复堂词》之深婉,《疆村词》之隐秀,皆在半塘老人上。疆村学梦窗而情味较梦窗反胜。盖有临川庐陵之高华,而济以白石之疏越者。学人之词,斯为极则。然古人自然神妙处,尚未见及。

[二三]宋直方《蝶恋花》:"新样罗衣浑弃却,犹寻旧日

○ 花蝶草虫　明　杜大成

春衫着。"谭复堂《蝶恋花》:"连理枝头侬与汝,千花百草从渠许。"可谓寄兴深微。

[二四]《半塘丁稿》中和冯正中《鹊踏枝》十阕,乃《鹜翁词》之最精者。"望远愁多休纵目"等阕,郁伊惝恍,令人不能为怀。《定稿》只存六阕,殊为未允也。

[二五]固哉皋文之为词也!飞卿《菩萨蛮》、永叔《蝶恋花》、子瞻《卜算子》,皆兴到之作,有何命意?皆被皋文深文罗织。阮亭《花草蒙拾》谓:"坡公命宫磨蝎,生前为王珪舒亶辈所苦,身后又硬受此差排。"由今观之,受差排者,独一坡公已耶?

[二六]贺黄公谓:"姜论史词,不称其软语商量",而赏其"柳暗花暝",固知不免项羽学兵法之恨。然"柳暗花暝"

自是欧秦辈句法，前后有画工化工之殊。吾从白石，不能附和黄公矣。

［二七］"池塘春草谢家春，万古千秋五字新。传语闭门陈正字，可怜无补费精神。"此遗山《论诗绝句》也。梦窗、玉田辈，当不乐闻此语。

［二八］朱子《清邃阁论诗》谓："古人诗中有句，今人诗更无句，只是一直说将去。这般诗一日作百首也得。"余谓北宋之词有句，南宋以后便无句。玉田、草窗之词，所谓"一日作百首也得"者也。

［二九］朱子谓："梅圣俞诗，不是平淡，乃是枯槁。"余谓草窗、玉田之词亦然。

［三十］"自怜诗酒瘦，难应接，许多春色。""能几番游，看花又是明年。"此等语亦算警句耶？乃值如许笔力！

［三一］文文山词，风骨甚高，亦有境界，远在圣与、叔夏、公谨诸公之上。亦如明初诚意伯词，非季迪、孟载诸人所敢望也。

［三二］和凝《长命女》词："天欲晓。宫漏穿花声缭绕，窗里星光少。冷霞寒侵帐额，残月光沈树杪。梦断锦闱空悄悄。强起愁眉小。"此词前半，不减夏英公《喜迁莺》也。

［三三］宋李希声《诗话》云："唐人作诗，正以风调高古为主。虽意远语疏，皆为佳作。后人有切近的当、气格凡下者，终使人可憎。"余谓北宋词亦不妨疏远。若梅溪以下，正

◎桃花柳燕图　清　李禅

所谓切近的当、气格凡下者也。

［三四］自竹垞痛贬《草堂诗余》而推《绝妙好词》，后人群附和之。不知《草堂》虽有亵诨之作，然佳词恒得十之六七。《绝妙好词》则除张、范、辛、刘诸家外，十之八九，皆极无聊赖之词。古人云：小好小惭，大好大惭，洵非虚语。

［三五］梅溪、梦窗、玉田、草窗、西麓诸家，词虽不同，然同失之肤浅。虽时代使然，亦其才分有限也。近人弃周鼎而宝康瓠，实难索解。

［三六］余友沈昕伯自巴黎寄余《蝶恋花》一阕云："帘外东风随燕到。春色东来，循我来时道。

一霎围场生绿草,归迟却怨春来早。锦绣一城春水绕。庭院笙歌,行乐多年少。着意来开孤客抱,不知名字闲花鸟。"此词当在晏氏父子间,南宋人不能道也。

[三七]"君王枉把平陈乐,换得雷塘数亩田。"政治家之言也。"长陵亦是闲丘陇,异日谁知与仲多?"诗人之言也。政治家之眼,域于一人一事。诗人之眼,则通古今而观之。词人观物,须用诗人之眼,不可用政治家之眼。故感事、怀古等作,当与寿词同为词家所禁也。

[三八]宋人小说,多不足信。如《雪舟脞语》谓:台州知府唐仲友眷官妓严蕊奴。朱晦庵系治之。及晦庵移去,提刑岳霖行部至台,蕊乞自便。岳问曰:去将安归?蕊赋《卜算子》词云"住也如何住"云云。案此词系仲友戚高宣教作,使蕊歌以侑觞者,见朱子"纠唐仲友奏牍"。则《齐东野语》所纪朱唐公案,恐亦未可信也。

[三九]《沧浪》《凤兮》二歌,已开楚辞体格。然楚词之最工者,推屈原、宋玉,而后此之王褒、刘向之词不与焉。五古之最工者,实推阮嗣宗、左太冲、郭景纯、陶渊明,而前此曹刘,后此陈子昂、李太白不与焉。词之最工者,实推后主、正中、永叔、少游、美成,而后此南宋诸公不与焉。

[四十]唐五代之词,有句而无篇。南宋名家之词,有篇而无句。有篇有句,唯李后主降宋后诸作,及永叔、子瞻、少游、美成、稼轩数人而已。

[四一]唐五代北宋之词家,倡优也。南宋后之词家,俗子也。二者其失相等。但词人之词,宁失之倡优,不失之俗子。以俗子之可厌,较倡优为甚故也。

[四二]《蝶恋花》"独倚危楼"一阕,是《六一词》,亦见《乐章集》。余谓:屯田轻薄子,只能道"奶奶兰心蕙性"耳。

[四三]读《会真记》者,恶张生之薄幸倖,而恕其奸非。读《水浒传》者,恕宋江之横暴,而责其深险。此人人之所同也。故艳词可作,唯万不可作儇薄语。龚定庵诗云:"偶赋凌云偶倦飞,偶然闲慕遂初衣。偶逢锦瑟佳人问,便说寻春为汝

水浒人物图　明　杜堇绘

归。"其人之凉薄无行,跃然纸墨间。余辈读耆卿、伯可词,亦有此感。视永叔、希文小词何如耶?

[四四]词人之忠实,不独对人事宜然。即对一草一木,亦须有忠实之意,否则所谓游词也。

[四五]读《花间》《尊前》集,令人回想徐陵《玉台新咏》。读《草堂诗余》,令人回想韦美毂《才调集》。读朱竹垞《词综》,张皋文、董子远《词选》,令人回想沈德潜三朝诗别裁集。

[四六]明季国初诸老之论词,大似袁简斋之论诗,其失也,纤小而轻薄。竹垞以降之论词者,大似沈觊愚,其失也,枯槁而庸陋。

[四七]东坡之旷在神,白石之旷在貌。白石如王衍口不言阿堵物,而暗中为营三窟之计,此其所以可鄙也。

[四八]"纷吾既有此内美兮,又重之已修能。"文学之事,于此二者,不能缺一。然词乃抒情之作,故尤重内美。无内美而但有修能,则白石耳。

[四九]诗人视一切外物,皆游戏之材料也。然其游戏,则以热心为之,故诙谐与严重二性质,亦不可缺一也。

《人间词话》附录(二十九则)

一

蕙风词小令似叔原,长调亦在清真、梅溪间,而沈痛过之。

彊村虽富丽精工，犹逊其真挚也。天以百凶成就一词人，果何为哉！

二

蕙风《洞仙歌》秋日游某氏园及《苏武慢》寒夜闻角二阕，境似清真，集中他作，不能过之。

三

彊村词，余最赏其《浣溪沙》"独鸟冲波去意闲"二阕，笔力峭拔，非他词可能过之。

四

蕙风听歌诸作，自以《满路花》为最佳。至《题香南雅集图》诸词，殊觉泛泛，无一言道著。

五

（黄甫松）词，黄叔旸称其《摘得新》二首，为有达观之见。余谓不若《忆江南》二阕，情味深长，在乐天、梦得上也。

六

端己词情深语秀，虽规模不及后主、正中，要在飞卿之上。观昔人颜、谢优劣论可知矣。

七

（毛文锡）词比牛、薛诸人，殊为不及。叶梦得谓："文锡词以质直为情致，殊不知流于率露。诸人评庸陋词者，必曰：此仿毛文锡之《赞成功》而不及者。"其言是也。

八

（魏承班）词逊于薛昭蕴、牛峤，而高于毛文锡，然皆不如王衍。五代词以帝王为最工，岂不以无意于求工欤。

九

（顾）敻词在牛给事、毛司徒间。《浣溪沙》"春色迷人"一阕，亦见《阳春录》。与《河传》《诉衷情》数阕，当为敻最佳之作矣。

◎桃花春水图　佚名

一〇

（毛熙震）周密《齐东野语》称其词新警而不为儇薄。余尤爱其《后庭花》，不独意胜，即以调论，亦有隽上清越之致，视文锡蔑如也。

一一

（阎选）词唯《临江仙》第二首有轩鬻之意，余尚未足与于作者也。

一二

昔沈文悫深赏（张）泌"绿杨花扑一溪烟"为晚唐名句。然其词如"露浓香泛小庭花"，较前语似更幽艳。

一三

（孙光宪词）昔黄玉林赏其"一庭疏雨湿春愁"为古今佳句。余以为不若"片帆烟际闪孤光"，尤有境界也。

一四

（周清真）先生于诗文无所不工，然尚未尽脱古人蹊径。平生著述，自以乐府为第一。词人甲乙，宋人早有定论。惟张叔夏病其意趣不高远。然北宋人如欧、苏、秦、黄，高则高矣，至精工博大，殊不殆先生。故以宋词比唐诗，则东坡似太白, 欧、秦似摩诘, 耆卿似乐天, 方回、叔原则大历十才子之流。南宋唯一稼轩可比昌黎。而词中老杜, 则非先生不可。昔人以耆卿比少陵, 犹为未当也。

一五

(清真)先生之词, 陈直斋谓其多用唐人诗句聊檃栝入律, 浑然天成。张玉田谓其善于融化诗句, 然此不过一端。不如强焕云:"模写物态, 曲尽其妙。"为知言也。

一六

山谷云:"天下清景, 不择贤愚而与之, 然吾特疑端为我辈设。"诚哉是言! 抑岂独清景而已, 一切境界, 无不为诗人设。世无诗人, 即无此种境界。夫境界之呈于吾心而见于外物者, 皆须臾之物。惟诗人能经此须臾之物, 镌诸不朽之文字, 使读者自得之。遂觉诗人之言, 字字为我心中所欲言, 而又非我之所能自言, 此大诗人之祕妙也。境界有二:有诗人之境界, 有常人之境界。诗人之境界, 惟诗人能感之而能写之, 故读其诗者, 亦高举远慕, 有遗世之意。而亦有得有不得, 且得之者亦各有深浅焉, 若夫悲欢离合、羁旅行役之感, 常人皆能感之, 而惟诗人能写之。故其入于人者至深, 而行与世也尤广。(清真)先生之词, 属于第二种为多。故宋时别本之多, 他列与匹。又和者三家。注者二家。(强焕本亦有注, 见毛跋)

自士大夫以至妇人女子，莫不知有清真，而种种无稽之言，亦由此以起。然非入人之深，乌能如是耶？

一七

楼忠简谓（清真）先生妙解音律，惟王晦叔《碧鸡漫志》谓："江南某氏者，解音律，时时度曲。周美成与有瓜葛。每得一解，即为制词。故周集中多新声。"则集中新曲，非尽自度。然顾曲名堂，不能自已，固非不知音者。故先生之词，文字之外，须兼味其音律。惟词中所注宫调，不出教坊十八调之外。则其音非大晟乐府之新声，而为隋、唐以来之燕乐，固可知也。今其声虽亡，读其词者，犹觉拗怒之中，自饶和婉。曼声促节，繁会相宣；清浊抑扬，辘轳交往。两宋之间，一人而已。

一八

（《云谣集杂曲子》）天仙子词特深峭隐秀，堪与飞卿、端己抗行。

一九

（王）以凝词句法精壮，如和虞彦恭寄钱逊升（当作叔）《蓦山溪》一阕、重午登霞楼《满庭芳》一阕、舣舟洪江步下《浣溪沙》一阕，绝无南宋浮艳虚薄之习。其他作亦多类是也。

（按，此则乃观堂所录阮元《四库未收书目·王周士词提要》，实非观堂论词之语。）

二〇

有明一代，乐府道衰。《写情》《扣舷》，尚有宋、元遗响。仁、宣以后，兹事几绝。独文愍（夏言）以魁硕之才，起而振之。豪壮典丽，与于湖、剑南为近。

二一

欧公《蝶恋花》"面旋落花"云云，字字沈响，殊不可及。

二二

《片玉词》"良夜灯光簇如豆"一首，乃改山谷《忆帝京》词为之者，似屯田最下之作，非美成所宜有也。

二三

温飞卿《菩萨蛮》："雨后却斜阳，杏花零落香。"少游之"雨余芳草斜阳。杏花零落（当作'乱'）燕泥香"虽自此脱胎，而实有出蓝之妙。

二四

白石尚有骨，玉田则一乞人耳。

二五

美成词多作态,故不是大家气象。若同叔、永叔虽不作态,而一笑百媚生矣。此天才与人力之别也。

二六

周介存谓白石以诗法入词,门径浅狭,如孙过庭书,但便后人模仿。予谓近人所以崇拜玉田,亦由于此。

二七

予于词,五代喜李后主、冯正中而不喜《花间》。宋喜同叔、永叔、子瞻、少游而不喜美成。南宋只爱稼轩一人,而最恶梦窗、玉田。介存《词辨》所选词,颇多不当人意。而其论词则多独到之语。始知天下固有具眼人,非予一人之私见也。

《人间词话》拾遗(十三则)

一

余填词不喜作长调,尤不喜用人韵。偶尔游戏,作《水龙吟》咏杨花用质夫、东坡倡和韵,作《齐天乐》咏蟋蟀用白石韵,皆有与晋代兴之意。余之所长殊不在是,世之君子宁以他词称我。

◎蟋蟀　齐白石

二

樊抗夫谓余词如《浣溪沙》之"天末同云"、《蝶恋花》之"昨夜梦中""百尺朱楼""春到临春"等阕,凿空而道,开词家未有之境。余自谓才不若古人,但于力争第一义处,古人亦不如我用意耳。

三

叔本华曰:"抒情诗,少年之作也;叙事诗及戏曲,壮年之作也。"余谓:抒情诗,国民幼稚时代之作;叙事诗,国民盛壮时代之作也。故曲则古不如今(元曲诚多天籁,然其思想之陋劣,布置之粗笨,千篇一律,令人喷饭。至本朝之《桃花扇》《长生殿》诸传奇,则进矣),词则今不如古。盖一则以布局为主，一则须伫兴而成故也。

四

"岂不尔思，室是远而。"孔子讥之。故知孔门而用词，则牛峤之"甘作一生拚，尽君今日欢"等作，必不在见删之数。（按：此条原已删去）

五

"暮雨潇潇郎不归"，当是古词，未必即白傅所作。故白诗云"吴娘夜雨潇潇曲，自别苏州更不闻"也。（按：此条原已删去）

六

贺黄公裳《皱水轩词筌》云："张玉田《乐府指迷》其调叶宫商，铺张藻绘抑亦可矣，至于风流蕴藉之事，真属茫茫。如啖官厨饭者，不知牲牢之外别有甘鲜也。"此语解颐。

七

周保绪济《词辨》云："玉田，近人所最尊奉，才情诣力亦不后诸人，终觉积谷作米、把缆放船，无开阔手段。"又云："叔夏所以不及前人处，只在字句上着功夫，不肯换意。""近人喜学玉田，亦为修饰字句易，换意难。"

八

毛西河《词话》谓：赵德麟令畤作《商调鼓子词》谱西厢传奇，为杂剧之祖。然《乐府雅词》卷首所载秦少游、晁补之、郑彦能（名仅）《调笑转踏》，首有致语，末有放队，每调之前有口号诗，甚似曲本体例。无名氏《九张机》亦然。至董颖《道宫薄媚》大曲咏西子事，凡十支曲，皆平仄通押，则竟是套曲。此可与《弦索西厢》同为曲家之萆路。曾氏置诸《雅词》卷首，所以别之于词也。颖字仲达，绍兴初人，从汪彦章、徐师川游，彦章为作《字说》。见《书录解题》。（按：此条原已删去）

九

宋人遇令节、朝贺、宴会、落成等事，有"致语"一种。宋子京、欧阳永叔、苏子瞻、陈后山、文宋瑞集中皆有之。《啸余谱》列之于词曲之间。其式：先"教坊致语"（四六文），次"口号"（诗），次"勾合曲"（四六文），次"勾小儿队"（四六文），次"队名"（诗二句），次"问小儿"、"小儿致语"，次"勾杂剧"（皆四六文），次"放队"（或诗或四六文）。若有女弟子队，则勾女弟子队如前。其所歌之词曲与所演之剧，则自伶人定之。少游、补之之《调笑》乃并为之作词。元人杂剧乃以曲代之，曲中楔子、科白、上下场诗犹是致语、口号、勾队、放队之遗也。此程明善《啸余谱》所以列"致语"于词曲

之间者也。（按：此条原删去）

十

明顾梧芳刻《尊前集》二卷，自为之引。并云：明嘉禾顾梧芳编次。毛子晋刻《词苑英华》疑为梧芳所辑。朱竹垞跋称：吴下得吴宽手钞本，取顾本勘之，靡有不同，固定为宋初人编辑。《提要》两存其说。按《古今词话》云："赵崇祚《花间集》载温飞卿《菩萨蛮》甚多，合之吕鹏《尊前集》不下二十阕。"今考顾刻所载飞卿《菩萨蛮》五首，除"咏泪"一首外，皆《花间》所有，知顾刻虽非自编，亦非复吕鹏所编之旧矣。《提要》又云："张炎《乐府指迷》虽云唐人有《尊前》《花间集》，然《乐府指迷》真出张炎与否，盖未可定。陈直斋《书录解题》'歌词类'以《花间集》为首，注曰：此近世倚声填词之祖，而无《尊前集》之名。不应张炎见之而陈振孙不见。"然《书录解题》"阳春集"条下引高邮崔公度语曰："《尊前》《花间》往往谬其姓氏。"公度元祐间人，《宋史》有传。北宋固有，则此书不过直斋未见耳。

又案：黄升《花庵词选》李白《清平乐》下注云："翰林应制。"又云："案唐吕鹏《遏云集》载，应制词四首，以后二首无清逸气韵，疑非太白所作"云云。今《尊前集》所载太白《清平乐》有五首，岂《尊前集》一名《遏云集》，而四首五首之不同，乃花庵所见之本略异欤？又，欧阳炯《花间集序》谓:"明皇朝有李太白应制《清平乐》四首。"则唐末时只有四首,岂末一首为梧芳所羼入,非吕鹏之旧欤?(按:此条原已删去。)

十一

《提要》载:"《古今词语》六卷,国朝沈雄纂。雄字偶僧,吴江人。是编所述上起于唐,下迄康熙中年。"然维见明嘉靖前白口本《笺注草堂诗余》林外《洞仙歌》下引《古今词话》云:"此词乃近时林外题于吴江垂虹亭。"(明刻《类编草堂诗余》亦同)案:升庵《词品》云:"林外字岂尘,有《洞仙歌》书于垂虹亭畔。作道装,不告姓名,饮醉而去。人疑为吕洞宾。传入宫中。孝宗笑曰:'"云崖洞天无锁","锁"与"老"叶韵,则"锁"音"扫",乃闽音也。'侦问之,果闽人林外也。"(《齐东野语》所载亦略同。)则《古今词话》宋时固有此书。岂雄窃此书而复益以近代事欤?又,《季沧苇书目》载《古今词话》十卷,而沈雄所纂只六卷,益证其非一书矣。

十二

楚辞之体,非屈子所创也。《沧浪》《凤兮》之歌已与三百篇异,然至屈子而最工。五七律始于齐、梁而盛于唐。词源于唐而大成于北宋。故最工之文学,非徒善创,亦且善因。(按:此条原已删去)

十三

金朗甫作《词选后序》，分词为"淫词""鄙词""游词"三种。词之弊尽是矣。五代、北宋之词，其失也淫。辛、刘之词，其失也鄙。姜、张之词，其失也游。（按：此条原已删去）

人间词甲稿序

王君静安将刊其所为《人间词》，诒书告余曰："知我词者莫如子，叙之亦莫如子宜。"余与君处十年矣，比年以来，君颇以词自娱。余虽不能词，然喜读词。每夜漏始下，一灯荧然，玩古人之作，未尝不与君共。君成一阕，易一字，未尝不以讯余。既而睽离，苟有所作，未尝不邮以示余也。然则余于君之词，又乌可以无言乎？夫自南宋以来，斯道之不振久矣！元、明及国初诸老，非无警句也。然不免乎局促者，气困于雕琢也。嘉、道以后之词，非不谐美也。然无救于浅薄者，意竭于摹拟也。君之于词，于五代喜李后主、冯正中，于北宋喜永叔、子瞻、少游、美成，于南宋除稼轩、白石外，所嗜盖鲜矣。尤痛诋梦窗、玉田。谓梦窗砌字，玉田叠句。一雕琢，一敷衍。其病不同，而同归于浅薄。六百年来词之不振，实自此始。其持论如此。及读君自所为词，则诚往复幽咽，动摇人心。快而沈，直而能曲。不屑屑于言词之末，而名句间出，殆往往度越前人。至其言近而指远，意决而辞婉，自永叔以后，殆未有工如君者也。君始为词时，亦不自意至此，而卒至此者，天也，非人之所能为也。若夫观物之微，托兴之深，则又君诗词之特色。求之古代作者，罕有伦比。呜呼！不胜古人，不足以兴古人并，君其知之矣。世有疑余言者乎，则何不取古人之词，与君词比类而观之也？光绪丙午三月，山阴樊志厚叙。

人间词乙稿序

去岁夏，王君静安集其所为词，得六十余阕，名曰《人间词甲稿》，余既叙而行之矣。今冬，复汇所作词为《乙稿》，丐余为之叙。余其敢辞。乃称曰：文学之事，其内足以摅己，而外足以感人者，意与境二者而已。上焉者意与境浑，其次或以境胜，或以意胜。苟缺其一，不足以言文学。原夫文学之所以有意境者，以其能观也。出于观我者，意余于境。而出于观物者，境多于意。然非物无以见我，而观我之时，又自有我在。故二者常互相错综，能有所偏重，而不能有所偏废也。文学之工不工，亦视其意境之有无，与其深浅而已。自夫人不能观古人之所观，而徒学古人之所作，于是始有伪文学，学者便之，相尚以辞，相习以模拟，遂不复知意境之为何物，岂不悲哉！苟持此以观古今人之词，则其得失，可得而言焉。温、韦之精艳，所以不如正中者，意境有深浅也。《珠玉》所以逊

《六一》《小山》所以愧《淮海》者，意境异也。美成晚出，始以辞采擅长，然终不失为北宋人之词者，有意境也。南宋词人之有意境者，唯一稼轩，然亦不欲以意境胜。白石之词，气体雅健耳。至于意境，则去北宋人远甚。及梦窗、玉田出，并不求诸气体，而惟文字之是务，于是词之道熄矣。自元迄明，益以不振。至于国朝，而纳兰侍卫以天赋之才。崛起于方兴之族。其所为词，悲凉顽艳，独有得于意境之深，可谓豪杰之士，奋乎百世之下者矣。同时朱、陈，既非劲敌，后世项、蒋，尤难鼎足。至乾、嘉以降，审乎体格韵律之间者愈微，而意味之溢于字句之表者愈浅。岂非拘泥文字，而不求诸意境之失欤？抑观我观物主事自有天在，固难期诸流俗欤？

余与静安，均夙持此论。静安之为词，真能以意境胜。夫古今人词之以意胜者，莫若欧阳公。以境胜者，莫若秦少游。至意境两浑，则惟太白、后主、正中数人足以当之。静安之词，大抵意深于欧，而境次于秦。至其合作，如《甲稿·浣溪沙》之"天末同云"、《蝶恋花》之"昨夜梦中"、《乙稿·蝶恋花》之"百尺朱楼"等阕，皆意境两忘，物我一体。高蹈乎八荒之表，而抗心乎千秋之间。骎骎乎两汉之疆域，广于三代，贞观之政治，隆于武德矣。方之侍卫，岂徒伯仲。此固君所得于天者独深，抑岂非致力于意境之效也。至君词之体裁，亦与五代、北宋为近。然君词之所以为五代、北宋之词者，以其有意境在。若以其体裁故，而至遽指为五代、北宋，此又君之不任受。固当与梦窗、玉田之徒,专事摹拟者,同类而笑之也。光绪三十三年十月,山阴樊志厚叙。(按:此二序虽为观堂手笔,而命意实出自樊氏。观堂废稿中曾引樊氏之语,而樊氏所赏诸词,观堂集林亦不尽入选,可证也。)

论小学唱歌科之材料

今日教育上有一可喜之现象,则音乐研究之勃兴是也。二三年来,学校唱歌集之出版者,以数十计。大都会之小学校,亦往往设唱歌一科。至"夏期音乐研究会"等,时有所闻焉。然就唱歌集之材料观之,则吾人不能不谓提倡音乐研究。音乐者之大半,于此科之价值、实尚未尽晓也。

夫音乐之形而上学的意义(如古代希腊毕达哥拉斯及近世叔本华之音乐说)姑不具论,但就小学校所以设此科之本意言之,则:(一)调和其感情;(二)陶冶其意志;(三)练习其聪明官及发声器是也。(一)与(三)为唱歌科自己之事业,而(二)则为修身科与唱歌科公共之事业。故唱歌科之目的,自以前者为重;即就后者言之,则唱歌科之补助修身科,亦在形式而不在内容(歌词)。虽有声无词之音乐,自有陶冶品性使之高尚和平之力,固不必用修身科之材料为唱歌科之材料也。故选择歌词之标准,宁从前者而不从后者。若徒以干燥、拙劣之辞述道德上之教训,恐第二目的未达,而已失其第一之目的矣。欲达第一目的，则于声音之美外，自当益以歌词之类，而就歌词之美言之，则今日作者之自制曲，其不如古人之名作审矣。或谓古人之名作，不必合于小学教育之目的与程度，然古诗中之咏自然之美及古迹者，亦正不乏此等材料。以有具体的性质，而可以呈于儿童之直观故，故较之道德上抽象之教训，反为易解，且可与历史、地理及理科中之材料相联络。而其对修身科之联络、则宁与体操科等，盖一在养其感情，一在强其意志；其关系乃普遍关系。而不关于材质之意义也。循此标准，则唱歌科庶不致为修身科之奴隶，而得保其独立之位置欤。

论叔本华与尼采

十九世纪中,德意志之哲学界有二大伟人焉:曰叔本华(Schopenhauer),曰尼采(Nietzsche)。二人者,以旷世之文才,鼓吹其学说也同;其说之风靡一世,而毁誉各半也同;就其学说言之,则其以意志为人性之根本也同。然一则以意志之灭绝,为其伦理学上之理想,一则反是;一则由意志同一之假说,而唱绝对之博爱主义,一则唱绝对之个人主义。夫尼采之学说,本自叔本华出,曷为而其终乃反对若是?岂尼采之背师固若是其甚欤?抑叔本华之学说中,自有以启之者欤?自吾人观之,尼采之学说全本于叔氏。其第一期之说,即美术时代之说,其全负于叔氏,固可勿论。第二期之说,亦不过发挥叔氏之直观主义。其末期之说,虽若与叔氏相反对,然要之不外以叔氏之美学上之天才论,应用于伦理学而已。兹比较二人之说,好学之君子以览观焉。

叔本华由锐利之直观与深邃之研究,而证吾人之本质为意志,而其伦理学上之理想,则又在意志之寂灭。然意志之寂灭

◎叔本华像

之可能与否,一不可解之疑问也(其批评见《红楼梦评论》第四章)。尼采亦以意志为人之本质,而独疑叔氏伦理学之寂灭说,谓欲寂灭此意志者,亦一意志也。于是由叔氏之伦理学出而趋于其反对之方向,又幸而于叔氏之伦理学上所不满足者,于其美学中发见其可模仿之点,即其天才论与知力的贵族主义,实可为超人说之标本者也。要之,尼采之说,乃彻头彻尾发展其美学上之见解,而应用之于伦理学,犹赫尔德曼[1]之无意识哲学,发展其伦理学之见解者也。

叔氏谓吾人之知识,无不从充足理由之原则者,独美术之知识不然。其言曰:

一切科学,无不从充足理由原则之某形式者。科学之题目,但现象耳,现象之变化及关系耳。今有一物焉,超乎一切变化关系之外,而为现象之内容,无以名之,名之曰"实念"。问此实念之知识为何?曰:"美术是已。"夫美术者,实

---

[1] 赫尔德曼,今译哈特曼,德国哲学家。

以静观中所得之实念，寓诸一物焉而再现之。由其所寓之物之区别，而或谓之雕刻，或谓之绘画，或谓之诗歌、音乐，然其唯一之渊源，则存于实念之知识，而又以传播此知识为其唯一之目的也。一切科学，皆从充足理由之形式。当其得一结论之理由也，此理由又不可无他物以为之理由，他理由亦然。譬诸混混长流，永无渟潴之日；譬诸旅行者，数周地球，而曾不得见天之有涯、地之有角。美术则不然，固无往而不得其息肩之所也。彼由理由结论之长流中，拾其静观之对象而使之孤立于吾前，而此特别之对象，其在科学中也，则藐然全体之一部耳。而在美术中，则遽而代表其物之种族之全体，空间时间之形式对此而失其效，关系之法则至此而穷于用，故此时之对象，非个物而但其实念也。吾人于是得下美术之定义曰：美术者，离充足理由之原则，而观物之道也。此正与由此原则观物者相反对。后者如地平线，前者如垂直线；后者之延长虽无限，而前者得于某点割之；后者合理之方法也，惟应用于生活及科学，前者天才之方法也，惟应用于美术；后者雅里大德勒之方法，前者柏拉图之方法也；后者如终风暴雨，震撼万物，而无始终，无目的，前者如朝日漏于阴云之罅，金光直射，而不为风雨所摇；后者如瀑布之水，瞬息变易，而不舍昼夜，前者如涧畔之虹，立于鞺鞳澎湃之中，而不改其色彩。（英译《意志及观念之世界》第一百三十八页至一百四十页）

夫充足理由之原则，吾人知力最普遍之形式也。而天才之观美也，乃不沾沾于此。此说虽本于希尔列尔（Schiller）之游戏冲动说，然其为叔氏美学上重要之思想，无可疑也。尼采乃推之于实践上，而以道德律之于超人，与充足理由原则之于天才一也。由叔本华之说，则充足理由之原则非徒无益于天才，其所以为天才者，正在离之而观物耳。由尼采之说，则道德律非徒无益于超人，超道德而行动，超人之特质也。由叔本华之说，最大之知识，在超绝知识之法则。由尼采之说，最大之道德，在超绝道德之法则。天才存于知之无所限制，而超人存于意之无所限制。而限制吾人之知力者，充足理由之原则；限制吾人之意志者，道德律也。于是尼采由知之无限制说，转而唱意之无限制说。其《察拉图斯德拉》第一篇中之首章，述灵魂三变之说曰：

察拉图斯德拉说法于五色牛之村曰：吾为汝等说灵魂之三变，灵魂如何而变为骆驼，又由骆驼而变为狮，由狮而变为赤子乎。于此有重荷焉，强力之骆驼负之而趋，重之又重以至于无可增，彼固以此为荣且乐也。此重物何？此最重之物何？此非使彼卑弱而污其高严之衮冕者乎？此非使彼炫其愚而匿其知者乎？此非使彼拾知识之橡栗而冻饿以殉真理者乎？此非使彼离亲爱之慈母而与聋瞽为侣者乎？世有真理之水，使彼入水而友蛙龟者，非此乎？使彼爱敌而与狞恶之神握手者，非此乎？凡此数者，灵魂苟视其力之所能及，无不负也。如骆驼之行于沙漠，视其力之所能及，无不负也。既而风高日黯，沙飞石走,昔日柔顺之骆驼,变为猛恶之狮子,尽弃其荷,而自为沙漠主,索其敌之大龙而战之。于是昔日之主,今日之敌;昔日之神,今日之魔也。此龙何名?谓之"汝宜"。狮子何名?谓之"我欲"。邦人兄弟,汝等必为狮子,毋为骆驼,岂汝等任载之日尚短,而负担尚未重欤?汝等其破坏旧价值(道德)而创作新价值,狮子乎?言乎破坏则足矣,言乎创作则未也。然使人有创作之自由者,非彼之力欤?汝等胡不为狮子?邦人兄弟,狮子之变为赤子也何故?狮子之所不能为,而赤子能之者何?赤子若狂也,若忘也,万事之源泉也,游戏之状态也,自转之轮也,第一之运动也,神圣之自尊也。邦人兄弟灵魂之为骆驼,骆驼之变而为狮,狮之变而为赤子,余既诏汝矣。(英译《察拉图斯德拉》二十五至二十八页)

其赤子之说,又使吾人回想叔本华之天才论曰:

天才者不失其赤子之心者也。盖人生至七年后,知识之机关即脑之质与量已达完全之域,而生殖之机关尚未发达,故赤子能感也,能思也,能教也。其爱知识也,较成人为深,而其受知识也,亦视成人为易。一言以蔽之曰:彼之知力盛于意志而已。即彼之知力之作用,远过于意志之所需要而已。故自某方面观之,凡赤子皆天才也。又凡天才自某点观之,皆赤子也。昔海尔台尔(Herder)[1]谓格代(Goethe)[2]曰:"巨孩。"音

---

1 海尔台尔,今译赫尔德,德国哲学家。
2 格代,今译歌德,德国思想家。

乐大家穆差德（Mozart）[1]亦终生不脱孩气，休利希台额路尔谓彼曰："彼于音乐，幼而惊其长老，然于一切他事，则壮而常有童心者也。"（英译《意志及观念之世界》第三册六十一页至六十三页）

◎尼采像

至尼采之说超人与众生之别，君主道德与奴隶道德之别，读者未有不惊其与叔氏伦理学上之平等博爱主义相反对者。然叔氏于其伦理学及形而上学所视为同一意志之发现者，于知识论及美学上，则分之为种种之阶级，故古今之崇拜天才者，殆未有如叔氏之甚者也。彼于其大著述第一书之补遗中，说知力上之贵族主义曰：

知力之拙者，常也；其优者，变也；天才者，神之示现也。不然？则宁有以八百兆之人民，经六千年之岁月，而所待于后人之发明思索者，尚如斯其众耶！夫大智者，固天之所吝，天之所吝，人之幸也。何则？小智于极狭之范围内，测极简之关系，比大智之瞑想宇宙人生者，其事逸而且易。昆虫之在树也，其视盈尺以内，较吾人为精密，而不能见人于五步之

---

[1] 穆差德，今译莫扎特，奥地利作曲家。

外。故通常之知力，仅足以维持实际之生活耳。而对实际之生活，则通常之知力，固亦已胜任而愉快，若以天才处之，是犹用天文镜以观优，非徒无益，而又蔽之。故由知力上言之，人类真贵族的也，阶级的也。此知力之阶级，较贵贱贫富之阶级为尤著。其相似者，则民万而始有诸侯一，民兆而始有天子一，民京垓而始有天才一耳。故有天才者，往往不胜孤寂之感。白衣龙[1]（Byron）于其《唐旦之预言诗》中咏之曰：

"To feel me in the solitude of kings
Without the power that make them bear a crown."

予岑寂而无友兮，羌独处乎帝之庭。冠玉冕之崔巍兮，夫固踬踬而不能胜。（略译其大旨）

此之谓也。

此知力的贵族与平民之区别外，更进而立大人与小人之区别曰：

一切俗子因其知力为意志所束缚，故但适于一身之目的。由此目的出，于是有俗滥之画，冷淡之诗，阿世媚俗之哲学。何则？彼等自己之价值，但存于其一身一家之福祉，而不存于真理故也。惟知力之最高者，其真正之价值，不存于实际，而存于理论，不存于主观，而存于客观，端端焉力索宇宙之真理而再现之。于是彼之价值，超乎个人之外，与人类自然之性质

---

[1] 白衣龙，今译拜伦，英国诗人。

异。如彼者，果非自然的欤？宁超自然的也。而其人之所以大，亦即存乎此。故图画也，诗歌也，思索也，在彼则为目的，而在他人则为手段也。彼牺牲其一生之福祉，以殉其客观上之目的，虽欲少改焉而不能。何则？彼之真正之价值，实在此而不在彼故也。他人反是，故众人皆小，彼独大也。（前书第三册第一百四十九页至一百五十页）

叔氏之崇拜天才也如是，由是对一切非天才而加以种种之恶谥：曰俗子（Philistine），曰庸夫（Populase），曰庶民（Mob），曰舆台（Rabble），曰合死者（Mortal）。尼采则更进而谓之曰众生（Herd），曰众庶（Far-too-many）。其所以异者，惟叔本华谓知力上之阶级惟由道德联结之，尼采则谓此阶级于知力道德皆绝对的，而不可调和者也。

叔氏以持知力的贵族主义，故于其伦理学上虽奖卑屈（Humility）之行，而于其美学上大非谦逊（Modesty）之德曰：

人之观物之浅深明暗之度不一，故诗人之阶级亦不一。当其描写所观也，人人殆自以为握灵蛇之珠，抱荆山之玉矣。何则？彼于大诗人之诗中，不见其所描写者或逾于自己。非大诗人之诗之果然也，彼之肉眼之所及，实止于此，故其观美术也，亦如其观自然，不能越此一步也。惟大诗人见他人之见解之肤浅，而此外尚多描写之余地，始知己能见人之所不能见，而言人之所不能言。故彼之著作不足以悦时人，只以自赏而已。若以谦逊为教,则将并其自赏者而亦夺之乎。然人之有功绩者,不能掩其自知之明。譬诸高八尺者暂而过市,则肩背昂然,齐于众人之首矣。千仞之山,自巅而视其麓也,与自麓而视其巅等。霍兰士(Horace)、鲁克来鸠斯(Lucletius)、屋维特(Ovid)及一切古代之诗人,其自述也,莫不有矜贵之色。唐旦(Dante)然也,狭斯丕尔(Shakespeare)然也,柏庚(Bacon)亦然也。故大人而不自见其大者,殆未之有,惟细人者自顾其一生之空无所有,而聊托于谦逊以自慰,不然则彼惟有蹈海而死耳。某英人尝言曰:"功绩(Merit)与谦逊(Modest)除二字之第一字母外,别无公共之点。"格代亦云:"唯一无所长者乃谦逊耳。"特如以谦逊教人责人者,则格代之言,尤不我欺也。(同前书第三册二百零二页)

吾人且述尼采之《小人之德》一篇中之数节以比较之。其言曰:

察拉图斯德拉远游而归,至于国门,则眇焉若狗窦匍匐而后能入。既而览乎民居,粲焉若傀儡之箱,鳞次而栉比,叹曰:夫造物者,宁将以彼为此拘拘也。吾知之矣,使彼等藐焉若此者,非所谓德性之教耶?彼等好谦逊,好节制,何则?彼等乐其平易故也。夫以平易而言,则诚无以逾乎谦逊之德者矣。彼等尝学步矣,然非能步也,暂也。彼且暂且顾,且顾且暂,彼之足与目,不我欺也。彼等之小半能欲也,而其大半被欲也。其小半,本然之动作者也,其大半反是。彼等皆不随意之动作者也，与意识之动作者也，其能为自发之动作者希矣。其丈夫既藐焉若此，于是女子亦皆男子自处。惟男子之得全其男子者，得使女子之位置复归于女子。其最不幸者，命令之君主，亦不得不从服役之奴隶之道德。"我役、当役、彼役"，此道德之所命令者也。哀哉！乃使最高之君主，为最高之奴隶乎？哀哉！其仁愈大，其弱愈大；其义愈大，其弱愈大。此道德之根柢，可以一言蔽之曰："毋害一人。"噫！道德乎？卑怯耳！然则彼等所视为道德者，即使彼等谦逊驯扰者也，是使狼为羊，使人为人之最驯之家畜者也。（《察拉图斯德拉》第二百四十八页至二百四十九页）

尼采之恶谦逊也亦若此，其应用叔氏美学之说于伦理学上昭然可见。夫叔氏由其形而上学之结论，而谓一切无生物之物，与吾人皆同一意志之发现。故其伦理学上之博爱主义，不推而放之于禽兽草木不止，然自知力上观之，不独禽兽与人异焉而已，即天才与众人间，男子与女子间，皆有鬩然不可愈之界限。但其与尼采异者，一专以知力言，一推而论之于意志，然其为贵族主义则一也。又叔本华亦力攻基督教曰："今日之基督教，非基督之本意，乃复活之犹太教耳。"其所以与尼采异者，一则攻击其乐天主义，一则并其厌世主义而亦攻之，然其为无神论则一也。叔本华说涅槃，尼采则说转灭。一则欲一灭而不复生，一则以灭为生超人之手段，其说之所归虽不同，然其欲破坏旧文化而创造新文化则一也。况其超人说之于天才说，又历历有模仿之迹乎。然则吾人之视尼采，与其视为叔氏之反对者，宁视为叔氏之后继者也。

又叔本华与尼采二人之相似，非独学说而已，古今哲学家性行之相似，亦无若彼二人者。巴尔善[1]之《伦理学系统》与文特尔朋《哲学史》中，其述二人学说与性行之关系，甚有兴味。兹援以比较之。巴尔善曰：

叔本华之学说，与其生活实无一调和之处。彼之学说，在脱屣世界与拒绝一切生活之意志，然其性行则不然。彼之生活，非婆罗门教、佛教之克己的，而宁伊壁鸠鲁之快乐的也。彼自离柏林后，权度一切之利害，而于法兰克福特及曼亨姆之间定其隐居之地。彼虽于学说上深美悲悯之德，然彼自己则无之。古今之攻击学问上之敌者，殆未有酷于彼者也。虽彼之酷于攻击，或得以辩护真理自解乎。然何不观其对母与妹之关系也？彼之母妹，斩焉陷于破产之境遇，而彼独保其自己之财产。彼终其身，惴惴焉惟恐分有他人之损失，及他人之苦痛。要之，彼之性行之冷酷无可讳也，然则彼之人生观，果欺人之语欤？曰："否。"彼虽不实践其理想上之生活，固深知此生活之价值者也。人性之二元中，理欲二者，为反对之两极，而二者以彼之一生为其激战之地。彼自其父遗传忧郁之性质，而其视物也，恒以小为大，以常为奇，方寸之心，充以弥天之

---

[1] 巴尔善，今指包尔生，德国哲学家、伦理学家。

欲，忧患、劳苦、损失、疾病迭起互伏，而为其恐怖之对象，其视天下人无一可信赖者。凡此数者，有一于此，固足以疲其生活而有余矣。此彼之生活之一方面也，其在他方面，则彼大知也，天才也，富于直观之力，而饶于知识之乐，视古之思想家，有过之无不及。当此时也，彼远离希望与恐怖，而追求其纯粹之思索，此彼之生活中最慰藉之顷也。逮其情欲再现，则畴昔之平和破，而其生活复以忧患恐惧充之。俱明知其失而无如之何，故彼每曰："知意志之过失，而不能改之，此可疑而不可疑之事实也。"故彼之伦理说，实可谓其罪恶之自白也。（巴尔善《伦理学系统》第三百十一页至三百十二页）

巴氏之说固自无误，然不悟其学说中于知力之元质外，尚有意志之元质（见下文）。然其叙述叔氏知意之反对甚为有味。吾人更述文特尔朋之论尼采者比较之曰：

彼之性质中争斗之二元质，尼采自谓之曰地哇尼苏斯（Dionysus）[1]，曰亚波罗（Apollo）[2]。前者主意论，后者主知论也；前者叔本华之意志，后者海额尔[3]之理念也。彼之知力的修养与审美的创造力，皆达最高之程度，彼深观历史与人生，而以诗人之手腕再现之。然其性质之根柢，充以无疆之大欲，故科学与美术不足以拯之。其志则专制之君主也，其身则大学之教授

---

[1] 地哇尼苏斯，今译狄俄尼索斯，古希腊神话中的酒神。
[2] 亚波罗，今译阿波罗，古希腊神话中的太阳神。
[3] 海额尔，今译黑格尔，德国哲学家。

也。于是彼之理想实往复于知力之快乐与意志之势力之间,彼俄焉委其一身于审美的直观与艺术的制作,俄焉而欲展其意志、展其本能、展其情绪,举昔之所珍赏者一朝而舍之。夫由其人格之高尚纯洁观之,则耳目之欲,于彼固一无价值也。彼所求之快乐,非知识的,即势力的也。彼之一生,疲于二者之争斗,迨其暮年,知识、美术、道德等一切,非个人及超个人之价值不足以厌彼,彼翻然而欲于实践之生活中,发展其个人之无限之势力。于是此战争之胜利者,非亚波罗而地哇尼苏斯也,非过去之传说而未来之希望也。一言以蔽之,非理性而意志也。(文特尔朋《哲学史》第六百七十九页)

由此观之,则二人之性行,何其相似之甚欤!其强于意志相似也;其富知力相似也;其喜自由相似也。其所以不相似而相似,相似而又不相似者,何欤?

呜呼!天才者,天之所靳,而人之不幸也。蚩蚩之民,饥而食,渴而饮,老身长子,以遂其生活之欲,斯已耳。彼之苦痛,生活之苦痛而已;彼之快乐,生活之快乐而已。过此以往,虽有大疑大患,不足以撄其心。人之永保此蚩蚩之状态者,固其人之福祉,而天之所独厚者也。若夫天才,彼之所缺陷者与人同,而独能洞见其缺陷之处。彼与蚩蚩者俱生,而独疑其所以生。一言以蔽之,彼之生活也与人同,而其以生活为一问题也与人异;彼之生于世界也与人同,而其以世界为一问题也与人异。然使此等问题,彼自命之而自解之,则亦何不幸之有？然彼亦一人耳，志驰乎六合之外，而身局乎七尺之内，因果之法则与空间时间之形式束缚其知力于外，无限之动机与民族之道德压迫其意志于内，而彼之知力意志非犹夫人之知力意志也？彼知人之所不能知，而欲人之所不敢欲，然其被束缚压迫也与人同。夫天才之大小，与其知力意志之大小为比例，故苦痛之大小亦与天才之大小为比例。彼之痛苦既深，必求所以慰藉之道，而人世有限之快乐，其不足慰藉彼也明矣。于是彼之慰藉，不得不反而求诸自己。其视自己也，如君王，如帝天；其视他人也，如蝼蚁，如粪土。彼故自然之子也，而常欲为其母；又自然之奴隶也，而常欲为其主。举自然所以束缚彼之知意者，毁之、裂之、焚之、弃之、草薙而兽狝之。彼非能行之也，姑妄言之而已；亦非欲言诸人也，聊以自娱而已。何则？以彼知意之如此而苦痛之如彼，其所以自慰藉之道，固不得不出于此也。

叔本华与尼采，所谓旷世之天才非欤？二人者，知力之伟大相似，意志之强烈相似。以极强烈之意志，而辅以极伟大之知力，其高掌远跖于精神界，固秦皇、汉武之所北面，而成吉思汗、拿破仑之所望而却走者也。九万里之地球与六千年之文化，举不足以厌其无疆之欲。其在叔本华，则幸而有汗德者为其陈胜、吴广，为其李密、窦建德，以先驱属路。于是于世界现象之方面，则穷汗德之知识论之结论，而曰"世界者，吾之观念也"。于本体之方面，则曰"世界万物，其本体皆与吾人之意志同，而吾人与世界万物，皆同一意志之发见也"。自他方面言之："世界万物之意志，皆吾之意志也"。于是我所有之世界，自现象之方面而扩于本体之方面，而世界之在我自知力之方面而扩于意志之方面，然彼犹以有今日之世界为不足，更进而求最完全之世界，故其说虽以灭绝意志为归，而于其大著第四篇之末，仍反覆灭不终灭、寂不终寂之说。彼之说"博爱"也，非爱世界也，爱其自己之世界而已。其说"灭绝"也，非真欲灭绝也，不满足于今日之世界而已。由彼之说，岂独如释迦所云"天上地下，惟我独尊"而已哉。必谓"天上地下，惟我独存"而后快。当是时，彼之自视，若担荷大地之阿德拉斯（Atlas）也，孕育宇宙之婆罗麦也。彼之形而上学之需要在此，终身之慰藉在此，故古今之主张意志者，殆未有过于叔氏者也，不过于其美学之天才论中，偶露其真面目之说耳。若夫尼采，以奉实证哲学，故不满于形而上学之空想。而其势力炎炎之欲，失之于彼岸者，欲恢复之于此岸；失之于精神者，欲恢复之于物质。于是叔本华之美学，占领其第一期之思想者，至其暮年，不识不知，而为其伦理学之模范。彼效叔本华之天才而说超人，效叔本华之放弃充足理由之原则而放弃道德，高视阔步而恣其意志之游戏。宇宙之内有知意之优于彼，或足以束缚彼之知意者，彼之所不喜也。故彼二人者，其执无神论同也，其唱意志自由论同也。譬之一树，叔本华之说，其根柢之盘错于地下，而尼采之说，则其枝叶之干青云而直上者也。尼采之说，如太华三峰，高与天际，而叔本华之说，则其山麓之花冈石也：其所趋虽殊，而性质则一。彼等所以为此说者，无他，亦聊以自慰而已。

要之，叔本华之自慰藉之道，不独存于其美学，而亦存于其形而上学。彼于此学中，发见其意志之无乎不在，而不惜以其七尺之我，殉其宇宙之我，故与古代之道德尚无矛盾之处。而其个人主义之失之于枝叶者，于根柢取偿之。何则？以世界之意志，皆彼之意志故也。若推意志同一之说，而谓世界之知力皆彼之知力，则反以俗人知力上之缺点加诸天才，则非彼之光荣，而宁彼之耻辱也，非彼之慰藉，而宁彼之苦痛也。其于知力上所以持贵族主义，而与其伦理学相矛盾者以此。《列子》曰：

> 周子尹氏大治产，其下趣役者侵晨昏而弗息。有老役夫筋力竭矣，而使之弥勤，昼则呻吟而即事，夜则昏惫而熟寐，昔昔梦为国君，居人民之上，总一国之事，游燕宫观，恣意所欲，觉则复役。（《周穆王篇》）

叔氏之天才之苦痛，其役夫之昼也；美学上之贵族主义，与形而上学之意志同一论，其国君之夜也。尼采则不然。彼有叔本华之天才，而无其形而上学之信仰，昼亦一役夫，夜亦一役夫，醒亦一役夫，梦亦一役夫，于是不得不弛其负担，而图一切价值之颠覆。举叔氏梦中所以自慰者，而欲于昼日实现之，此叔本华之说所以尚不反于普遍之道德，而尼采则肆其叛逆而不惮者也。此无他，彼之自慰藉之道，固不得不出于此也。世人多以尼采暮年之说与叔本华相反对者，故特举其相似之点及其所以相似而不相似者如此。

人生的美意

用美的眼光看世界,获得安宁、自在、平和与愉悦

《红楼梦》评论

第一章　人生及美术之概观

老子曰:"人之大患,在我有身。"庄子曰:"大块载我以形,劳我以生。"忧患与劳苦之与生,相对待也久矣。夫生者,人人之所欲;忧患与劳苦者,人人之所恶也。然则,讵不人人欲其所恶,而恶其所欲欤?将其所恶者,固不能不欲,而其所欲者,终非可欲之物欤?人有生矣,则思所以奉其生。饥而欲食,渴而欲饮,寒而欲衣,露处而欲宫室,此皆所以维持一人之生活者也。然一人之生少则数十年,多则百年而止耳。而吾人欲生之心,必以是为不足,于是于数十年百年之生活外,更进而图永远之生活,时则有牝牡之欲,家室之累。进而育子女矣,则有保抱、扶持、饮食、教诲之责,婚嫁之务。百年之间,早作而夕思,穷老而不知所终。问有出于此保存自己及种姓之生活之外者乎?无有也。百年之后,观吾人之成绩,其有逾于此保存自己及种姓之生活之外者乎?无有也。又人人知侵害自己及种姓之生活者之非一端也，于是相集而成一群，相约束而立一国，择其贤且智者以为之君，为之立法律以治之，建学校以教之，为之警察以防内奸，为之陆海军以御外患，使人人各遂其生活之欲而不相侵害。凡此皆欲生之心之所为也。夫人之于生活也，欲之如此其切也，用力如此其勤也，设计如此其周且至也，固亦有其真可欲者存欤？吾人之忧患劳苦，固亦有所以偿之者欤？则吾人不得不就生活之本质，熟思而审考之也。

◎庄子像

生活之本质何？欲而已矣。欲之为性无厌，而其原生于不足。不足之状态，苦痛是也。既偿一欲，则此欲以终。然欲之被偿者一，而不偿者什百，一欲既终，他欲随之，故究竟之慰藉，终不可得也。即使吾人之欲悉偿，而更无所欲之对象，倦厌之情即起而乘之，于是否人自己之生活，若负之而不胜其重。故人生者如钟表之摆，实往复于苦痛与倦厌之间者也。夫倦厌固可视为苦痛之一种，有能除去此二者，吾人谓之曰快乐。然当其求快乐也，吾人于固有之苦痛外，又不得不加以努力，而努力亦苦痛之一也。且快乐之后，其感苦痛也弥深，故苦痛而无回复之快乐者有之矣，未有快乐而不先之或继之以苦痛者也，又此苦痛与世界之文化俱增，而不由之而减。何则？文化愈进，其知识弥广，其所欲弥多，又其感苦痛亦弥甚故也。然则人生之所欲既无以逾于生活，而生活之性质又不外乎苦痛，故欲与生活与苦痛，三者一而已矣。

吾人生活之性质既如斯矣，故吾人之知识遂无往而不与生活之欲相关系，即与吾人之利害相关系。就其实而言之，则知识者固生于此欲，而示此欲以我与外界之关系，使之趋利而避害者也。常人之知识，止知我与物之关系，易言以明之。止知物之与我相关系者，而于此物中又不过知其与我相关系之部分而已。及人知渐进，于是始知欲，知此物与我之关系，不可不研究此物与彼物之关系。知愈大者，其研究逾远焉。自是而生各种之科学，如欲知空间之一部之与我相关系者，不可不知空间全体之关系，于是几何学兴焉。按西洋几何学Geometry之本义系量地之意，可知古代视为应用之科学，而不视为纯粹之科学也。欲知力之一部之与我相关系者，不可不知力之全体之关系，于是力学兴焉。吾人既知一物之全体之关系，又知此物与彼物之全体之关系，而立一法则焉，以应用之。于是物之现于吾前者，其与我之关系及其与他物之关系，粲然陈于目前而无所遁，夫然后吾人得以利用此物，有其利而无其害，以使吾人生活之欲增进于无穷。此科学之功效也。故科学上之成功，虽若层楼杰观，高严巨丽，然其基址则筑乎生活之欲之上，与政治上之系统立于生活之欲之上无以异。然则吾人理论与实际之二方面,皆此生活之欲之结果也。

　　由是观之,吾人之知识与实践之二方面,无往而不与生活之欲相关系,即与苦痛相关系。兹有一物焉,使吾人超然于利害之外而忘物与我之关系,此时也,吾人之心无希望,无恐怖,非复欲之我,而但知之我也。此犹积阴弥月而旭日杲杲也,犹覆舟大海之中浮沉上下而飘着于故乡之海岸也,犹阵云惨淡而插翅之天使赍平和之福音而来者也,犹鱼之脱于罾网鸟之自樊笼出而游于山林江海也。然物之能使吾人超然于利害之外者,必其物之于吾人无利害之关系而后可。易言以明之,必其物非实物而后可。然则非美术何足以当之乎!夫自然界之物,无不与吾人有利害之关系,纵非直接,亦必间接相关系者也,苟吾人而能忘物与我之关系而观物,则大自然界之山明水媚,鸟飞花落,固无往而非华胥之国,极乐之上也。岂独自然界而已,人类之言语动作,悲欢啼笑,孰非美之对象乎?然此物既与吾人有利害之关系,而吾人欲强离其关系而观之,自非天才,岂易及此!于是天才者出,以其所观于自然人生中者复现之于美术中,而使中智以下之人,亦因其物之与己无关系而超然于利害之外。是故观物无方,因人而变。濠上之鱼,庄惠之所乐也,而渔父袭之以网罟;舞雩之木,孔曾之所憩也,而樵者继之以斤斧。若物非有形,心无所住,则虽殉财之夫、贵私之子,宁有对曹霸、韩干之马而计驰骋之乐,见毕宏、韦偃之松而观思栋梁之用,求好述于雅典之偶,思税驾于金字之塔者哉！故美术之为物，欲者不观，观者不欲。而艺术之美所以优于自然之美者，全存于使人易忘物我之关系也。

而美之为物有二种：一曰优美，一曰壮美。苟一物焉，与吾人无利害之关系，而吾人之观之也，不观其关系，而但观其物，或吾人之心中无丝毫生活之欲存，而其观物也，不视为与我有关系之物，而但视为外物，则今之所观者，非昔之所观者也。此时吾心宁静之状态，名之曰优美之情，而谓此物曰优美。若此物大不利于吾人，而吾人生活之意志为之破裂，因之意志遁去，而知力得为独立之作用，以深观其物，吾人谓此物曰壮美，而谓其感情曰壮美之情。普通之美，皆属前种。至于地狱变相之图，决斗垂死之像，庐江小吏之诗，雁门尚书之曲，其人故氓庶之所共怜，其遇虽戾夫为之流涕，诅有子颓乐祸之心，宁无尼父反袂之戚，而吾人观之，不厌千复。格代之诗曰：

What in life doth only grieve us,

That in art we gladly see.

凡人生中足以使人悲者，于美术中则吾人乐而观之。

此之谓也。此即所谓壮美之情，而其快乐存于使人忘物我之关系，则固与优美无以异也。

至美术中之与二者相反者，名之曰眩惑。夫优美与壮美，皆使吾人离生活之欲而入于纯粹之知识者。若美术中而有眩惑之原质乎，则又使吾人自纯粹之知识出而复归于生活之欲。如

◎牡丹亭记　明　汤显祖撰　臧懋循评　明末茅映刻朱墨套印本

粔籹蜜饵,《招魂》《启》《发》之所陈,玉体横陈,周昉、仇英之所绘,《西厢记》之《酬柬》,《牡丹亭》之《惊梦》,伶元之传飞燕,杨慎之赝《秘辛》,徒讽一而劝百,欲止沸而益薪。所以子云有"靡靡"之诮,法秀有"绮语"之诃。虽则梦幻泡影可作如是观,而拔舌地狱专为斯人设者矣。故眩惑之于美,如甘之于辛,火之于水,不相并立者也。吾人欲以眩惑之快乐医人世之苦痛,是犹欲航断港而至海,入幽谷而求明,岂徒无益,而又增之。则岂不以其不能使人忘生活之欲及此欲与物之关系,而反鼓舞之也哉!眩惑之与优美及壮美相反对,其故实存于此。

今既述人生与美术之概略如左,吾人且持此标准以观我国之美术,而美术中以诗歌戏曲小说为其顶点,以其目的在描写人生，故吾人于是得一绝大著作曰《红楼梦》。

第二章 《红楼梦》之精神

裒伽尔[1]之诗曰：

Ye wise men, highly, deeply learned,

Who think it out and know,

How, when and where do all things pair?

Why do they kiss and love?

Ye men of lofty wisdom say

What happened to me then,

Search out and tell me where, how, when,

And why it happened thus.

嗟汝哲人，靡所不知，靡所不学，既深且跻。粲粲生物，罔不匹俦。各齿厥唇，而相阙攸。匪汝哲人，孰知其故。自何时始，来自何处？嗟汝哲人，渊渊其知。相彼百昌，奚而熙熙？愿言哲人，诏余其故。自何时始，来自何处？

裒伽尔之问题，人人所有之问题，而人人未解决之大问题也。人有恒言曰："饮食男女，人之大欲存焉。"然人七日不食即死，一日不再食则饥。若男女之欲，则于一人之生活上宁有

---

[1] 裒伽尔，今译伯格，德国诗人。

害无利者也，而吾人之欲之也如此何哉？吾人自少壮以后，其过半之光阴，过半之事业，所计划所勤动者为何事？汉之成、哀，曷为而丧其生？殷辛、周幽，曷为而亡其国？励精如唐玄宗，英武如后唐庄宗，曷为而不善其终？且人生苟为数十年之生活计，则其维持此生活，亦易易耳，曷为而其忧劳之度，倍蓰而未有已？《记》曰："人不婚宦，情欲失半。"人苟能解此问题，则于人生之知识思过半矣。而蚩蚩者乃日用而不知，岂不可哀也欤！其自哲学上解此问题者，则二千年间仅有叔本华之"男女之爱之形而上学"耳。诗歌小说之描写此事者，通古今东西，殆不能悉数，然能解决之者鲜矣。《红楼梦》一书非徒提出此问题，又解决之者也。彼于开卷即下男女之爱之神话的解释。其叙此书之主人公贾宝玉之来历曰：

却说女娲氏炼石补天之时，于大荒山无稽崖炼成高十二丈、见方二十四丈大的顽石三万六千五百零一块。那娲皇只用了三万六千五百块，单单剩下一块未用，弃在青埂峰下。谁知此石自经锻炼之后，灵性已通，自去自来，可大可小。因见众石俱得补天，独自己无材，不得入选，遂自怨自艾，日夜悲哀。（第一回）

此可知生活之欲之先人生而存在，而人生不过此欲之发现也。此可知吾人之堕落由吾人之所欲而意志自由之罪恶也。夫顽钝者既不幸而为此石矣，又幸而不见用，则何不游于广莫之野，无何有之乡，以自适其适，而必欲入此忧患劳苦之世界？

不可谓非此石之大误也。由此一念之误,而遂造出十九年之历史与百二十回之事实,与茫茫大士渺渺真人何与。又于第百十七回中述宝玉与和尚之谈论曰:

"弟子请问师父可是从太虚幻境而来?"那和尚道:"什么幻境,不过是来处来,去处去罢了。我是送还你的玉来的。我

◎红楼梦赋图册　贾宝玉梦游太虚境赋　清　沈谦作赋　盛昱录绘

且问你那玉是从那里来的?"宝玉一时对答不来。那和尚笑道:"你的来路还不知,便来问我。"宝玉本来颖悟,又经点化,早把红尘看破,只是自己的底里未知,一闻那僧问起玉来,好像当头一棒,便说:"你也不用银子了,我把那玉还你罢。"那僧笑道:"早该还我了!"

所谓自己的底里未知者,未知其生活乃自己之一念之误,而此念之所自造也。及一闻和尚之言,始知此不幸之生活由自己之所欲,而其拒绝之也亦不得由自己,是以有还玉之言。所谓玉者,不过生活之欲之代表而已矣。故携入红尘者非彼二人之所为,顽石自己而已;引登彼岸者亦非二人之力,顽石自己而已。此岂独宝玉一人然哉?人类之堕落与解脱,亦视其意志而已。而此生活之意志其于永远之生活,比个人之生活为尤切。易言以明之,则男女之欲尤强于饮食之欲。何则?前者无尽的,后者有限的也;前者形而上的,后者形而下的也。又如上章所说生活之于痛苦,二者一而非二,而苦痛之度与主张生活之欲之度为比例,是故前者之苦痛尤倍蓰于后者之痛。而《红楼梦》一书,实示此生活此苦痛之由于自造,又示其解脱之道不可不由自己求之者也。

而解脱之道存于出世,而不存于自杀。出世者拒绝一切生活之欲者也。彼知生活之无所逃于苦痛,而求入于无生之域。当其终也,垣干虽存,固已形如槁木而心如死灰矣。若生活之欲如故,但不满于现在之生活而求主张之于异日,则死于此者固不得不复生于彼，而苦海之流又将与生活之欲而无穷。故金钏之堕井也，司棋之触墙也，尤三姐、潘又安之自刎也，非解脱也，求偿其欲而不得者也。彼等之所不欲者其特别之生活，而对生活之为物则固欲之而不疑也。故此书中真正解脱仅贾宝玉、惜春、紫鹃三人耳。而柳湘莲之入道，有似潘又安，芳官之出家，略同于金钏。

故苟有生活之欲存乎，则虽出世而无与于解脱；苟无此欲，则自杀亦未始非解脱之一者也。如鸳鸯之死，彼故有不得已之境遇在，不然则惜春、紫鹃之事，固亦其所优为者也。

而解脱之中，又自有二种之别：一存于观他人之苦痛，一存于觉自己之苦痛。然前者之解脱，唯非常之人为能，其高百倍于后者，而其难亦百倍，但由其成功观之，则二者一也。通常之人，其解脱由于苦痛之阅历，而不由于苦痛之知识。唯非常之人，由非常之知力而洞观宇宙人生之本质，始知生活与苦痛之不能相离，由是求绝其生活之欲而得解脱之道。然于解脱之途中，彼之生活之欲犹时时起而与之相抗，而生种种之幻影，所谓恶魔者，不过此等幻影之人物化而已矣。故通常之解脱，存于自己之苦痛，彼之生活之欲因不得其满足而愈烈，又因愈烈而愈不得其满足，如此循环而陷于失望之境遇，遂悟宇宙人生之真相，遽而求其息肩之所。彼全变其气质而超出乎苦乐之外，举昔之所执着者一旦而舍之。彼以生活为炉，苦痛为炭，而铸其解脱之鼎。彼以疲于生活之欲故，故其生活之欲不

◎ 红楼梦图咏 惜春 清 改琦绘 扁玉版 久保田米齐编

能复起而为之幻影。此通常之人解脱之状态也。前者之解脱，如惜春、紫鹃，后者之解脱如宝玉。前者之解脱，超自然的也，神明的也；后者之解脱，自然的也，人类的也；前者之解脱宗教的，后者美术的也；前者平和的也，后者悲感的也，壮美的也，故文学的也，诗歌的也，小说的也。此《红楼梦》之主人公所以非惜春、紫鹃而为贾宝玉者也。

呜呼！宇宙一生活之欲而已，而此生活之欲之罪过，即以生活之苦痛罚之，此即宇宙之永远的正义也。自犯罪自加罚，自忏悔自解脱。美术之务在描写人生之苦痛于其解脱之道,而使吾侪冯生之徒于此桎梏之世界中,离此生活之欲之争斗,而得其暂时之平和。此一切美术之目的也。夫欧洲近世之文学中,所以推格代之《法斯德》(今译《浮士德》)为第一者,以其描写博士法斯德之苦痛及其解脱之途径最为精切故也。若《红楼梦》之写宝玉,又岂有以异于彼乎!彼于缠陷最深之中,而已伏解脱之种子,故听《寄生草》之曲而悟立足之境,读胠箧之篇而作焚花散麝之想。所以未能者,则以黛玉尚在耳。至黛玉死而其志渐决。然尚屡失于宝钗,几败于五儿,屡蹶屡

红楼梦图咏 宝钗 清 改琦绘 扁玉版 久保田米齐编

振，而终获最后之胜利。读者观自九十八回以至百二十回之事实，其解脱之行程，精进之历史，明了精切何如哉！且法斯德之苦痛，天才之苦痛；宝玉之苦痛，人人所有之苦痛也。其存于人之根柢者为独深，而其希救济也为尤切。作者一一掇拾而发挥之，我辈之读此书者，宜如何表满足感谢之意哉！而吾人于作者之姓名，尚有未确实之知识，岂徒吾侪寡学之羞，亦足以见二百余年来，吾人之祖先对此宇宙之大著述，如何冷淡遇之也。谁使此大著述之作者不敢自署其名？此可知此书之精神，大背于吾国人之性质，及吾人之沉溺于生活之欲，而乏美术之知识有如此也。然则予之为此论，亦自知有罪也矣。

第三章 《红楼梦》之美学上之精神

如上章之说，吾国人之精神，世间的也，乐天的也，故代表其精神之戏曲小说，无往而不着此乐天之色彩：始于悲者终于欢，始于离者终于合，始于困者终于亨，非是而欲餍阅者之心，难矣！若《牡丹亭》之返魂，《长生殿》之重圆，其最著之一例也。《西厢记》之以惊梦终也，未成之作也，此书若成，吾乌知其不为《续西厢》之浅陋也？有《水浒传》矣，曷为而又有《荡寇志》？有《桃花扇》矣，曷为而又有《南桃花扇》？有《红楼梦》矣，彼《红楼复梦》《补红楼梦》《续红楼梦》者曷为而作也？又曷为而有反对《红楼梦》之《儿女英雄传》？

故吾国之文学中，其具厌世解脱之精神者仅有《桃花扇》与《红楼梦》耳。而《桃花扇》之解脱，非真解脱也。沧桑之变，目击之而身历之，不能自悟而悟于张道士之一言，且以历数千里，冒不测之险、投缧绁之中所索之女子才得一面，而以道士之言一朝而舍之，自非三尺童子，其谁信之哉？故《桃花扇》之解脱，他律的也；而《红楼梦》之解脱，自律的也。且《桃花扇》之作者，但借侯李之事以写故国之戚，而非以描写人生为事，故《桃花扇》，政治的也，国民的也，历史的也；《红楼梦》，哲学的也，宇宙的也，文学的也。此《红楼梦》之所以大背于吾国人之精神，而其价值亦即存乎此。彼《南桃花扇》《红楼复梦》等，正代表吾国人乐天之精神者也。

《红楼梦》一书，与一切喜剧相反，彻头彻尾之悲剧也。其大宗旨如上章所述，读者既知之矣。除主人公不计外，凡此书中之人，有与生活之欲相关系者，无不与苦痛相终始。以视宝琴、岫烟、李纹、李绮等，若藐姑射神人，夐乎不可及矣，夫此数人者，曷尝无生活之欲，曷尝无苦痛？而书中既不及写其生活之欲，则其苦痛自不得而写之，足以见二者如骖之靳，而永远的正义无往不逞其权力也。又吾国之文学，以挟乐天的精神故，故往往说诗歌的正义，善人必令其终，而恶人必离其罚，此亦吾国戏剧小说之特质也。《红楼梦》则不然。赵姨、凤姐之死，非鬼神之罚彼良心，自己之苦痛也。若李纨之受封，彼于《红楼梦》十四曲中固已明说之曰：

[晚韶华]镜里恩情，更那堪梦里功名！那韶华去之何迅，再休提绣帐鸳衾。只这戴珠冠披凤袄，也抵不了无常性命。虽说是人生莫受老来贫，也须要阴骘积儿孙。气昂昂头戴簪缨，光灿灿胸悬金印，威赫赫爵禄高登，昏惨惨黄泉路近。问古来将相可还存？也只是虚名儿与后人钦敬。（第五回）

此足以知其非诗歌的正义，而既有世界人生以上，无非永远的正义之所统辖也，故曰《红楼梦》一书，彻头彻尾的悲剧也。

由叔本华之说，悲剧之中又有三种之别：第一种之悲剧，由极恶之人极其所有之能力以交构之者。第二种由于盲目的运命者。第三种之悲剧，由于剧中之人物之位置及关系而不得不然者，非必有蛇蝎之性质与意外之变故也，但由普通之人物、普通之境遇逼之，不得不如是。彼等明知其害，交施之而交受之，各加以力而各不任其咎。此种悲剧，其感人贤于前二者远甚。何则？彼示人生最大之不幸非例外之事，而人生之所固有故也。若前二种之悲剧，吾人对蛇蝎之人物与盲目之命运，未尝不悚然战栗然，以其罕见之故，犹幸吾生之可以免，而不必求息肩之地也。但在第三种，则见此非常之势力足以破坏人生之福祉者，无时而不可坠于吾前。且此等惨酷之行，不但时时可受诸己，而或可以加诸人，躬丁其酷，而无不平之可鸣，此可谓天下之至惨也。若《红楼梦》，则正第三种之悲剧也。兹就宝玉、黛玉之事言之，贾母爱宝钗之婉嫕而惩黛玉之孤僻，又信金玉之邪说而思压宝玉之病。王夫人固亲于薛氏，凤姐以持家之故，忌黛玉之才而虞其不便于己也。袭人惩尤二姐、香菱之事，闻黛玉"不是东风压西风，就是西风压东风"之语（第八十一回），惧祸之及而自同于凤姐，亦自然之势也。宝玉之于黛玉信誓旦旦，而不能言之于最爱之之祖母，则普通之道

○红楼梦赋图册　葬花赋　清　沈谦作赋　盛昱录绘

德使然，况黛玉一女子哉！由此种种原因，而金玉以之合，木石以之离，又岂有蛇蝎之人物、非常之变故行于其间哉？不过通常之道德、通常之人情、通常之境遇为之而已。由此观之，《红楼梦》者，可谓悲剧中之悲剧也。

由此之故，此书中壮美之部分较多于优美之部分，而眩惑之原质殆绝焉。作者于开卷即申明之曰：

> 更有一种风月笔墨，其淫秽污臭，最易坏人子弟。至于才子佳人等书，则又开口文君，满篇子建，千部一腔，千人一面，且终不能不涉淫滥。在作者不过欲写出自己两首情诗艳赋来，故假捏出男女二人名姓，又必旁添一小人拨乱其间，如戏中小丑一般。（此又上节所言之一证。）

兹举其最壮美者之一例，即宝玉与黛玉最后之相见一节曰：

> 那黛玉听着傻大姐说宝玉娶宝钗的话，此时心里竟是油儿酱儿糖儿醋儿倒在一处的一般甜苦酸咸，竟说不上什么味儿来了……自己转身要回潇湘馆去，那身子竟有千百斤重的，两只脚却像踏着棉花一般，早已软了。只得一步一步，慢慢的走将下来。走了半天，还没到沁芳桥畔，脚下愈加软了。走的慢，且又迷迷痴痴，信着脚从那边绕过来，更添了两箭地路。这时刚到沁芳桥畔，却又不知不觉的顺着堤往回里走起来。紫鹃取了绢子来，却不见黛玉，正在那里看时，只见黛玉颜色雪白，身子恍恍荡荡的，眼睛也直直的，在那里东转西转……只得赶

过来轻轻的问道:"姑娘怎么又回去?是要往那里去?"黛玉也只模糊听见,随口答道:"我问问宝玉去。"……紫鹃只得搀他进去。那黛玉却又奇怪了,这时不似先前那样软了,也不用紫鹃打帘子,自己掀起帘子进来……见宝玉在那里坐着,也不起来让坐,只瞧着嘻嘻的呆笑,黛玉自己坐下,却也瞧着宝玉笑。两个也不问好,也不说话,也不推让,只管对着脸呆笑起来。忽然听着黛玉说道:"宝玉,你为什么病了?"宝玉笑道:"我为林姑娘病了。"袭人、紫鹃两个吓得面目改色,连忙用言语来岔,两个却又不答言,仍旧呆笑起来……紫鹃搀起黛玉,那黛玉也就站起来,瞧着宝玉只管笑,只管点头儿。紫鹃又催道:"姑娘回家去歇歇罢。"黛玉道:"可不是,我这就是回去的时候儿了。"说着便回身笑着出来了,仍旧不用丫头们搀扶,自己却走得比往常飞快。(第九十六回)

如此之文,此书中随处有之,其动吾人之感情何如!凡稍有审美的嗜好者,无人不经验之也。

《红楼梦》之为悲剧也如此。昔雅里大德勒于《诗论》中谓:悲剧者,所以感发人之情绪而高上之,殊如恐惧与悲悯之二者,为悲剧中固有之物,由此感发,而人之精神于焉洗涤。故其目的,伦理学上之目的也。叔本华置诗歌于美术之顶点,又置悲剧于诗歌之顶点,而于悲剧之中又特重第三种,以其示人生之真相,又示解脱之不可已。故美学上最终之目的,与伦理学上最终之目的合。由是《红楼梦》之美学上之价值,亦与

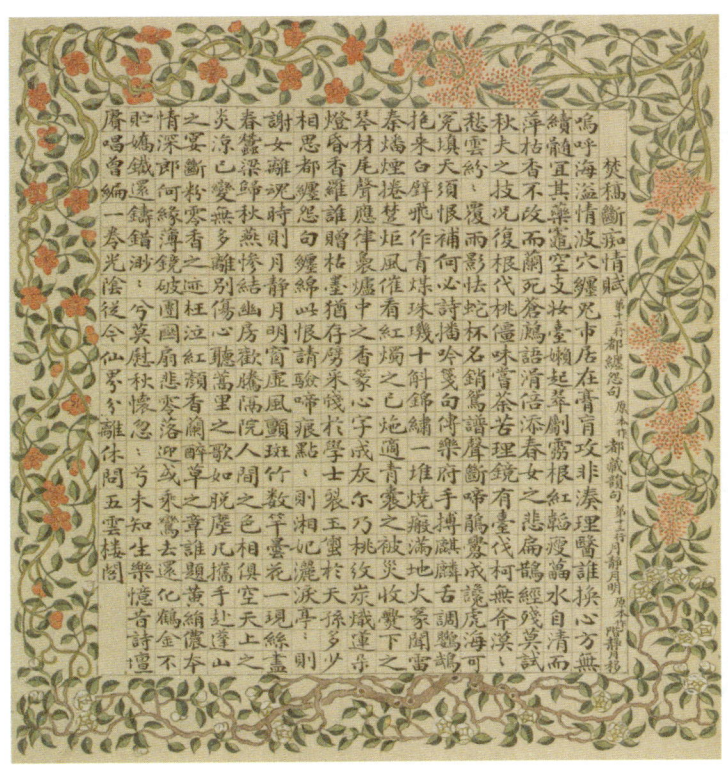

○红楼梦赋图册　焚稿断痴情赋　清　沈谦作赋　盛昱录绘

其伦理学上之价值相联络也。

第四章 《红楼梦》之伦理学上之价值

自上章观之，《红楼梦》者，悲剧中之悲剧也。其美学上之价值即存乎此。然使无伦理学上之价值以继之，则其于美术上之价值尚未可知也。今使为宝玉者，于黛玉既死之后，或感愤而自杀，或放废以终其身，则虽谓此书一无价值可也。何则？欲达解脱之域者，固不可不尝人世之忧患，然所贵乎忧患者，以其为解脱之手段，故非重忧患自身之价值也。今使人日日居忧患言忧患，而无希求解脱之勇气，则天国与地狱彼两失之，其所领之境界，除阴云蔽天、沮洳弥望外，固无所获焉。黄仲则《绮怀》诗曰：

如此星辰非昨夜，为谁风露立中宵？

又其卒章曰：

结束铅华归少作，屏除丝竹入中年。茫茫来日愁如海，寄语羲和快着鞭。

其一例也。《红楼梦》则不然，其精神之存于解脱，如前二章所说，兹固不俟喋喋也。

然则解脱者，果足为伦理学上最高之理想否乎？自通常之道德观之，夫人知其不可也。夫宝玉者，固世俗所谓绝父子弃人伦不忠不孝之罪人也。然自太虚中有今日之世界，自世界中有今日之人类，乃不得不有普通之道德以为人类之法则，顺之者安，逆之者危，顺之者存，逆之者亡。于今日之人类中，吾固不能不认普通之道德之价值也，然所以有世界人生者，果有合理的根据欤？抑出于盲目的动作，而别无意义存乎其间欤？使世界人生之存在而有合理的根据，则人生中所有普通之道德，谓之绝对的道德可也。然吾人从各方面观之，则世界人生之所以存在，实由吾人类之祖先一时之误谬。诗人之所悲歌，哲学者之所瞑想，与夫古代诸国民之传说若出一揆，若第二章所引《红楼梦》第一回之神话的解释，亦于无意识中暗示此理，较之《创世记》所述人类犯罪之历史，尤为有味者也。夫人之有生，既为鼻祖之误谬矣，则夫吾人之同胞，凡为此鼻祖之子孙者，苟有一人焉未入解脱之域，则鼻祖之罪终无时而赎，而一时之误谬反覆至数千万年而未有已也。则夫绝弃人伦如宝玉其人者，自普通之道德言之，固无所辞其不忠不孝之罪，若开天眼而观之，则彼固可谓干父之蛊者也。知祖父之误谬，而不忍反覆之以重其罪，顾得谓之不孝哉？然则宝玉"一子出家，七祖升天"之说，诚有见乎！所谓孝者在此不在彼，非徒自辩护而已。

然则举世界之人类而尽入于解脱之域，则所谓宇宙者不诚无物也欤？然有无之说，盖难言之矣，夫以人生之无常，而知识之不可恃，安知吾人之所谓有，非所谓真有者乎？则自其反而言之，又安知吾人之所谓无，非所谓真无者乎？即真无矣，而使吾人自空乏与满足、希望与恐怖之中出，而获永远息肩之所，不犹愈于世之所谓有者乎！然则吾人之畏无也，与小儿之畏暗黑何以异？自已解脱者观之，安知解脱之后，山川之美、日月之华，不有过于今日之世界者乎？读"飞鸟各投林"之曲，所谓"片白茫茫大地真干净"者，有欤？无欤？吾人且勿问，但立乎今日之人生而观之，彼诚有味乎其言之也。

难者又曰，人苟无生，则宇宙间最可宝贵之美术不亦废欤？曰：美术之价值，对现在之世界人生而起者，非有绝对的价值也。其材料取诸人生，其理想亦视人生之缺陷逼仄而趋于其反对之方面。如此之美术，唯于如此之世界、如此之人生中，始有价值耳。今设有人焉，自无始以来，无生死，无苦乐，无人世之挂碍，而唯有永远之知识，则吾人所宝为无上之美术，自彼视之，不过蛮鸣蝉噪而已。何则？美术上之理想，固彼之所自有，而其材料又彼之所未尝经验故也。又设有人焉，备尝人世之苦痛，而已入于解脱之域，则美术之于彼也亦无价值。何则？美术之价值，存于使人离生活之欲，而入于纯粹之知识，彼既无生活之欲矣，而复进之以美术、是犹馈壮夫以药石，多见其不知量而已矣。然而超今日之世界人生以外者，于美术之存亡固自可不必问也。

夫然，故世界之大宗教，如印度之婆罗门教及佛教、希伯来之基督教，皆以解脱为唯一之宗旨。哲学家如古代希腊之柏拉图，近世德意志之叔本华，其最高之理想亦存于解脱。殊如叔本华之说，由其深邃之知识论，伟大之形而上学出，一扫宗教之神话的面具，而易以名学之论法，其真挚之感情与巧妙之文字又足以济之，故其说精密确实，非如古代之宗教及哲学说，徒属想像而已。然事不厌其求详，姑以生平所疑者商榷焉。夫由叔氏之哲学说，则一切人类及万物之根本一也，故充叔氏拒绝意志之说，非一切人类及万物各拒绝其生活之意志，则一人之意志亦不可得而拒绝。何则？生活之意志之存于我者，不过其一最小部分，而其大部分之存于一切人类及万物者，皆与我之意志同，而此物我之差别，仅由于吾人知力之形式，故离此知力之形式而反其根本而观之，则一切人类及万物之意志，皆我之意志也。然则拒绝吾一人之意志而姝姝自悦曰解脱，是何异决蹄涔之水，而注之沟壑，而曰天下皆得平土而居之哉！佛之言曰："若不尽度众生，誓不成佛。"其言犹若有能之而不欲之意。然自吾人观之，此岂徒能之而不欲哉？将毋欲之而不能也。故如叔本华之言一人之解脱，而未言世界之解脱，实与其意志同一之说不能两立者也。叔氏于无意识中亦触此疑问，故于其《意志及观念之世界》之第四编之末，力护其说曰：

人之意志于男女之欲，其发现也为最着，故完全之贞操，乃拒绝意志即解脱之第一步也。大自然中之法则，固自最确实者，使人人而行此格言，则人类之灭绝，自可立而待。至人类以降之动物，其解脱与堕落亦当视人类以为准，《吠陀》之经典曰："一切众生之待圣人，如饥儿之望慈父母也。"基督教中亦有此思想，珊列休斯[1]于其《人持一切物归于上帝》之小诗中曰："嗟汝万物灵，有生皆爱汝。总总环汝旁，如儿索母乳。

---

[1] 珊列休斯，今译安琪陆斯·西勒治乌斯。

携之适天国，惟汝力是恃。"德意志之神秘学者马斯太哀克赫德[1]亦云："《约翰福音》云：余之离世界也，将引万物而与我俱，基督岂欺我哉？夫善人固将持万物而归之于上帝，即其所从出之本者也。今夫一切生物皆为人而造，又各富相为用，牛羊之于水草，鱼之于水，鸟之于空气，野兽之于林莽，皆是也。一切生物皆上帝所造，以供善人之用，而善人携之以归上帝。"彼意盖谓人之所以有用动物之权利者，实以能救济之之故也。

于佛教之经典中，亦说明此真理。方佛之尚为菩提萨埵也，自玉宫逸出而入深林时，彼策其马而歌曰："汝久疲于生死兮，今将息此任。载负余躬以遄举兮，继今日而无再。苟彼岸其余达兮，余将徘徊以汝待。"（《佛国记》）此之谓也。（英译《意志及观念之世界》第一册第四百九十二页）

然叔氏之说，徒引据经典，非有理论的根据也。试问释迦示寂以后，基督尸十字架以来，人类及万物之欲生，奚若其痛苦，又奚若吾知其不异于昔也？然则所谓持万物而归之上帝者，其尚有所待欤？抑徒沾沾自喜之说而不能见诸实事者欤？果如后说，则释迦、基督自身之解脱与否，亦尚在不可知之数也。往者作一律曰：

生平颇忆挈卢敖，东过蓬莱浴海涛。何处云中闻犬吠，至

---

[1] 马斯太哀克赫德，今译迈斯特尔·埃克哈特，德国神学家、哲学家。

今湖畔尚乌号。

人间地狱真无间,死后泥洹柱自豪。终古众生无度日,世尊只合老尘嚣。

何则?小宇宙之解脱,视大宇宙之解脱以为准故也。赫尔德曼人类涅槃之说所以起而补叔氏之缺点者以此。要之,解脱

◎红楼梦赋图册　栊翠庵品茶赋　清　沈谦作赋　盛昱录绘

人生的美意 ‖ 145

之足以为伦理学上最高之理想与否，实存于解脱之可能与否。若失普通之论难，则固如楚楚蜉蝣不足以撼十围之大树也。

今使解脱之事终不可能，然一切伦理学上之理想，果皆可能也欤？今夫与此无生主义相反者，生生主义也。夫世界有限而生人无穷。以无穷之人生，有限之世界，必有不得遂其生者矣。世界之内，有一人不得遂其生者，固生生主义之理想之所不许也。

故由生生主义之理想，则欲使世界生活之量，达于极大限，则人人生活之度，不得不达于极小限。盖度与量二者实为一精密之反比例，所谓最大多数之最大福祉者，亦仅归于伦理学者之梦想而已。夫以极大之生活量而居于极小之生活度，则生活之意志之拒绝也奚若？此生生主义与无生主义相同之点也。苟无此理想，则世界之内，弱之肉强之食，一任诸天然之法则耳，奚以伦理为哉？然世人日言生生主义，而此理想之达于何时，则尚在不可知之数。要之理想者可近而不可即，亦终古不过一理想而已矣。人知无生主义之理想之不可能，而自忘其主义之理想之何若，此则大不可解脱者也。

夫如是，则《红楼梦》之以解脱为理想者，果可菲薄也欤！夫以人生忧患之如彼，而劳苦之如此，苟有血气者，未有不渴慕救济者也。不求之于实行，犹将求之于美术，独《红楼梦》者，同时与吾人以二者之救济。人而自绝于救济则已耳，不然，则对此宇宙之大著述，宜如何企踵而欢迎之也！

第五章　余论

自我朝考证之学盛行，而读小说者亦以考证之眼读之，于是评《红楼梦》者纷然索此书之主人公之为谁，此又甚不可解者也。夫美术之所写者非个人之性质，而人类全体之性质也。惟美术之特质，贵具体而不贵抽象，于是举人类全体之性质，置诸个人之名字之下。譬诸副墨之子、洛诵之孙，亦随吾人之所好名之而已。善于观物者，能就个人之事实而发见人类全体之性质。今对人类之全体而必规规焉求个人以实之，人之知力相越岂不远哉？故《红楼梦》之主人公，谓之贾宝玉可，谓之子虚乌有先生可，即谓之纳兰容若、谓之曹雪芹亦无不可也。

综观评此书者之说，约有二种：一谓述他人之事，一谓作者自写其生平也。第一说中大抵以贾宝玉为即纳兰性德。其说要无所本。案性德《饮水诗集·别意》六首之三曰：

独拥余香冷不胜，残更数尽思腾腾。今宵便有随风梦，知在红楼第几层？

又《饮水词》中《于中好》一阕云：

别绪如丝睡不成，那堪孤枕梦边城。因听紫塞三更雨，却忆红楼半夜灯。

又《减字木兰花》一阕咏新月云：

莫教星替，守取团圆终必遂。此夜红楼，天上人间一样愁。

"红楼"之字凡三见,而云"梦红楼"者一。又其亡妇忌日作《金缕曲》一阕,其首三句云:

> 此恨何时已!滴空阶、寒更雨歇,葬花天气。

"葬花"二字始出于此。然则《饮水集》与《红楼梦》之间稍有文字之关系,世人以宝玉为即纳兰侍卫者,殆由于此。然诗人与小说家之用语其偶合者固不少。苟执此例以求《红楼梦》之主人公,吾恐其可以傅合者,断不止容若一人而已。若夫作者之姓名(遍考各书,未见曹雪芹何名)与作书之年月,其为读此书者所当知,似更比主人公之姓名为尤要,顾无一人为之考证者,此则大不可解者也。

至谓《红楼梦》一书为作者自道其生平者,其说本于此书第一回"竟不如我亲见亲闻的几个女子"一语,信如此说,则唐旦之《天国喜剧》,可谓无独有偶者矣。然所谓亲见亲闻者,亦可自旁观者之口言之,未必躬为剧中之人物。如谓书中种种境遇种种人物非局中人不能道,则是《水浒传》之作者必为大盗,《三国演义》之作者必为兵家,此又大不然之说也。且此问题,实为美术之渊源之问题相关系。如谓美术上之事非局中人不能道,则其渊源必全存于经验而后可。夫美术之源,出于先天,抑由于经验,此西洋美学上至大之问题也。叔本华之论此问题也最为透辟,兹援其说以结此论。其言(此论本为绘画及雕刻发,然可通之于诗歌小说)曰:

人类之美之产于自然中者，必由下文解释之：即意志于其客观化之最高级（人类）中，由自己之力与种种之情况，而打胜下级（自然力）之抵抗，以占领其物质。且意志之发现于高等之阶级也，其形式必复杂：即以一树言之，乃无数之细胞合而成一系统者也。其阶级愈高，其结合愈复。人类之身体，乃最复杂之系统也。各部分各有一特别之生活，其对全体也则为隶属，其互相对也则为同僚，互相调和以为其全体之说，明不能增也，不能减也，能如此者则谓之美，此自然中不得多见者也。顾美之于自然中如此，于美术中则何如？或有以美术家为模仿自然者，然彼苟无美之预想存于经验之前，则安从取自然中完全之物而模仿之，又以之与不完全者相区别哉？且自然亦安得时时生一人焉，于其各部分皆完全无缺哉？或又谓美术家必先于人之肢体中观美丽之各部分，而由之以构成美丽之全体。此又大愚不灵之说也。即令如此，彼又何自知美丽之在此部分而非彼部分哉？故美之知识，断非自经验的得之，即非后天的，而常为先天的，即不然，亦必其一部分常为先天的也。吾人于观人类之美后始认其美，但在真正之美术家，其认识之也极其明速之度，而其表出之也，胜乎自然之为。此由吾人之自身即意志而于此所判断及发见者，乃意志于最高级之完全之客观化也。唯如是，吾人斯得有美之预想。而在真正之天才，于美之预想外，更伴以非常之巧力。彼于特别之物中，认全体之理念，遂解自然之嗫嚅之言语而代言之，即以自然所百计而不能产出之美现之于绘画及雕刻中，而若语自然曰：此即汝之所欲言而不得者也。苟有判断之能力者，心将应之曰：是。唯如是，故希腊之天才能发见人类之美之形式，而永为万世雕刻家之模范。唯如是，故吾人对自然于特别之境遇中所偶然成功者而得认其美。此美之预想乃自先天中所知者，即理想的也。比其现于美术也，则为实际的。何则？此与后人中所与之自然物相合故也。如此美术家先天中有美之预想，而批评家于后天中认识之，此由美术家及批评家乃自然之自身之一部，而意志于此客观化者也。哀姆攀独克尔[1]曰："同者唯同者知之。"故唯自然能知自然，唯自然能言自然，则美术家有自然之美之预想，固自不足怪也。

芝诺芬[2]述苏格拉底之言曰：希腊人之发见人类之美之理想也由于经验，即集合种种美丽之部分，而于此发见一膝，于彼发见一臂。此大谬之说也。不幸而此说又蔓延于诗歌中。即以狄斯丕尔[3]言之，谓其戏剧中所描写之种种之人物，乃其一生之经验中所观察者，而极其全力以撰写之者也。然诗人由人性之预想而作戏曲小说，与美术家之中美之预想而作绘画及雕刻无以异，唯两者于其创造之途中，必须有经验以为之补助。夫然，故其先天中所已知者，得唤起而入于明晰之意识而后表出

---

1 哀姆攀独克尔，今译恩培多克勒，希腊哲学家。
2 芝诺芬，今译色诺芬，希腊史学家。
3 狄斯丕尔，今译莎士比亚，英国文学家。

之事，乃可得而能也。（叔氏《意志及观念之世界》第一册第二百八十五页至二百八十九页）

由此观之，则谓《红楼梦》中所有种种之人物，种种之境遇，必本于作者之经验，则雕刻与绘画家之写人之美也，必此取一膝、彼取一臂而后可。其是与非不待知者而决矣。读者苟

◎红楼梦赋图册　　见土物思乡赋　　清　沈谦作赋　　盛昱灵绘

玩前数章之说，而知《红楼梦》之精神与其美学伦理学上之价值，则此种议论自可不生。苟知美术之大有造于人生，而《红楼梦》自足为我国美术上之唯一大著述，则其作者之姓名与其著书之年月，固当为唯一考证之题目。而我国人之所聚讼者，乃不在此而在彼，此足以见吾国人之对此书之兴味之所在，自在彼而不在此也，故为破其惑如此。

宋元戏曲考(节选)

序

凡一代有一代之文学:楚之骚,汉之赋,六代之骈语,唐之诗,宋之词,元之曲,皆所谓一代之文学,而后世莫能继焉者也。独元人之曲,为时既近,托体稍卑,故两朝史志与《四库》集部,均不著于录;后世儒硕,皆鄙弃不复道。而为此学者,大率不学之徒;即有一二学子,以余力及此,亦未有能观其会通,窥其奥窔者。遂使一代文献,郁堙沈晦者且数百年,愚甚惑焉。往者读元人杂剧而善之,以为能道人情,状物态,词采俊拔,而出乎自然,盖古所未有,而后人所不能仿佛也。辄思究其渊源,明其变化之迹,以为非求诸唐宋辽金之文学,弗能得也。乃成《曲录》六卷,《戏曲考原》一卷,《宋大曲考》一卷,《优语录》二卷,《古剧脚色考》一卷,《曲调源流表》一卷。从事既久,续有所得,颇觉昔人之说,与自己之书,罅漏日多,而手所疏记,与心所领会者，亦日有增益。壬子岁莫，旅居多暇，乃以三月之力，写为此书。凡诸材料，皆余所搜集，其所说明，亦大抵余之所创获也。世之为此学者自余始，其所贡于此学者，亦以此书为多。非吾辈才力过于古人，实以古人未尝为此学故也。写定有日，辄记其缘起，其有匡正补益，则俟诸异日云。

第一章　上古至五代之戏剧

歌舞之兴，其始于古之巫乎？巫之兴也，盖在上古之世。《楚语》："古者民神不杂，民之精爽不携贰者，而又能齐肃衷正。（中略）如此，则明神降之。在男曰觋，在女曰巫。（中略）及少皞之衰，九黎乱德，民神杂糅，不可方物。夫人作享，家为巫史。"然则巫觋之兴，在少皞之前，盖此事与文化俱古矣。巫之事神，必用歌舞。《说文解字》（五）："巫，祝也。女能事无形以舞降神者也。象人两褒舞形，与工同意。"故《商书》言："恒舞于宫，酣歌于室，时谓巫风。"《汉书·地理志》言："陈太姬妇人尊贵，好祭祀，用史巫，故其俗巫鬼。"《陈诗》曰："坎其击鼓，宛邱之下，无冬无夏，值其鹭羽。"又曰："东门之枌，宛邱之栩，子仲之子，婆娑其下。"此其风也。郑氏《诗谱》亦云。是古代之巫，实以歌舞为职，以乐神人者也。商人好鬼，故伊尹独

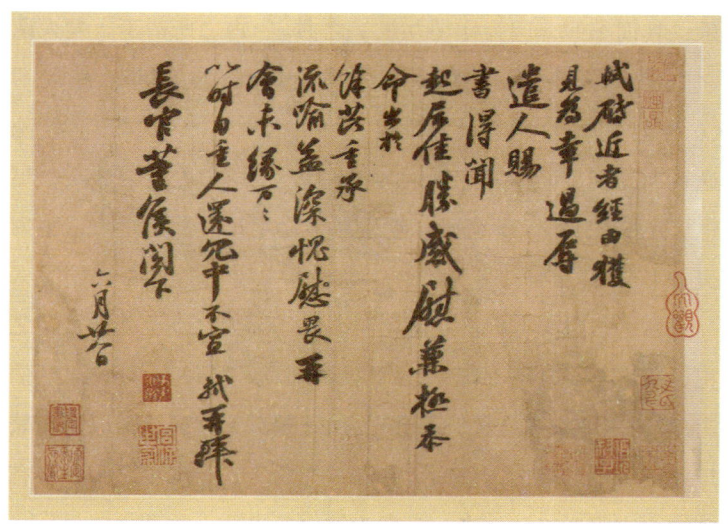

○宋　苏轼词

有巫风之戒。及周公制礼，礼秩百神，而定其祀典。官有常职，礼有常数，乐有常节，古之巫风稍杀。然其余习，犹有存者：方相氏之驱疫也，大蜡之索万物也，皆是物也。故子贡观于蜡，而曰"一国之人皆若狂"，孔子告以"张而不弛，文武不能"。后人以八蜡为三代之戏礼（《东坡志林》），非过言也。

周礼既废，巫风大兴；楚越之间，其风尤盛。王逸《楚辞章句》谓："楚国南部之邑，沅湘之间，其俗信鬼而好祠，其祠必作歌乐鼓舞，以乐诸神。屈原见俗人祭祀之礼，歌舞之乐，其词鄙俚，因为作《九歌》之曲。"古之所谓巫，楚人谓之曰灵。《东皇太一》曰："灵偃蹇兮姣服，芳菲菲兮满堂。"《云中君》曰："灵连蜷兮既留，烂昭昭兮未央。"此二者，王逸皆训为巫，而他灵字则训为神。案《说文》（一）："灵，巫也。"古虽言巫而不言灵，观于屈巫之字子灵，则楚人谓巫为灵，不自战国始矣。

古之祭也必有尸。宗庙之尸，以子弟为之。至天地百神之祀，用尸与否，虽不可考，然《晋语》载"晋祀夏郊，以董伯为尸"，则非宗庙之祀，固亦用之。《楚辞》之灵，殆以巫而兼尸之用者也。其词谓巫曰灵，谓神亦曰灵。盖群巫之中，必有象神之衣服形貌动作者，而视为神之所冯依，故谓之曰灵，或谓之灵保。《东君》曰："思灵保兮贤姱。"王逸《章句》，训灵为神，训保为安。余疑《楚辞》之灵保，与《诗》之神保，皆尸之异名。《诗·楚茨》云："神保是飨。"又云："神保是格。"又云："鼓钟送尸，神保聿归。"《毛传》云："保，安也。"《郑笺》亦云："神安而飨其祭祀。"又云："神安归者，归于天也。"然如毛、郑之说，则谓神安是飨，神安是格，神安聿归者，于辞为不文。《楚茨》一诗，郑孔二君皆以为述绎祭宾尸之事，其礼亦与古礼《有司彻》一篇相合，则所谓神保，殆谓尸也。其曰"鼓钟送尸，神保聿归"，盖参互言之，以避复耳。知《诗》之神保为尸，则《楚辞》之灵保可知矣。至于浴兰沐芳，华衣若英，衣服之丽也；缓节安歌，竽瑟浩倡，歌舞之盛也；乘风载云之词，生别新知之语，荒淫之意也。是则灵之为职，或偃蹇以象神，或婆娑以乐神，盖后世戏剧之萌芽，已有存焉者矣。

巫觋之兴，虽在上皇之世，然俳优则远在其后。《列女传》云："夏桀既弃礼义，求倡优侏儒狎徒，为奇伟之戏。"此汉人所纪，或不足信。其可信者，则晋之优施，楚之优孟，皆在春秋之世。案《说文》（八）："优，饶也；一曰倡也，又曰倡乐也。"古代之优，本以乐为职，故优施假歌舞以说里克。《史记》称优孟，亦云楚之乐人。又优之为言戏也，《左传》："宋华弱与乐辔少相狎，长相优。"杜注："优，调戏也。"故优人之言，无不以调戏为主。优施鸟乌之歌，优孟爱马之对，皆以微词托意，甚有谑而为虐者。《穀梁传》："颊谷之会，齐人使优施舞于鲁君之幕下。"孔子曰："笑君者罪当死，使司马行法焉。"厥后秦之优旃，汉之幸倡郭舍人，其言无不以调戏为事。要之，巫与优之别：巫以乐神，而优以乐人；巫以歌舞为主，而优以调谑为主；巫以女为之，而优以男为之。至若优孟之为孙叔敖衣冠，而楚王欲以为相；优施一舞，而孔子谓其笑君，则于言语之外，其调戏亦以动作行之，与后世之优，颇复相类。后世戏剧，当自巫、优二者出，而此二者，固未可以后世戏剧视之也。

附考：古之优人，其始皆以侏儒为之，《乐记》称优侏儒。颊谷之会，孔子所诛者，《穀梁传》谓之优，而《孔子家语》、

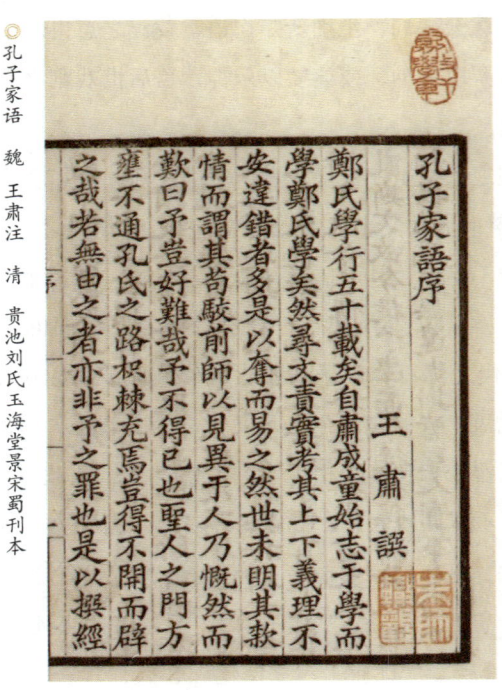

孔子家语 魏 王肃注 清 贵池刘氏玉海堂景宋蜀刊本

何休《公羊解诂》，均谓之侏儒。《史记·李斯列传》："侏儒倡优之好，不列于前。"《滑稽列传》亦云："优旃者，秦倡侏儒也。"故其自言曰："我虽短也，幸休居。"此实以侏儒为优之一确证也。《晋语》："侏儒扶卢。"韦昭注："扶，缘也；卢，矛戟之松，缘之以为戏。"此即汉寻橦之戏所由起。而优人于歌舞调戏外，且兼以竞技为事矣。

汉之俳优，亦用以乐人，而非以乐神。《盐铁论·散不足》

篇虽云："富者祈名岳，望山川，椎牛击鼓，戏倡舞像"，然《汉书·礼乐志》载郊祭乐人员，初无优人，惟朝贺置酒陈前殿房中，有常从倡三十人，常从象人（孟康曰："象人，若今戏鱼虾狮子者也。"韦昭曰："着假面者也。"）四人，诏随常从倡十六人，秦倡员二十九人，秦倡象人员三人，诏随秦倡一人，此外尚有黄门倡。此种倡人，以郭舍人例之，亦当以歌舞调谑为事。以倡而兼象人，则又兼以竞技为事。盖自汉初已有之，《贾子新书·匈奴篇》所陈者是也。至武帝元封三年，而角抵戏始兴。《史记·大宛传》："安息以黎轩善眩人献于汉。是时上方巡狩海上，乃悉从外国客，大觳抵，出奇戏诸怪物，及加其眩者之工。而觳抵奇戏岁增变甚盛，益兴，自此始。"按：角抵者，应劭曰："角者，角技也，抵者，相抵触也。"文颖曰："名此乐为角抵者，两两相当，角力角技艺射御，故名角抵，盖杂技乐也。"是角抵以角技为义，故所包颇广，后世所谓百戏者是也。角抵之地，汉时在平乐观。观张衡《西京赋》所赋平乐事，殆兼诸技而有之。"乌获扛鼎，都卢寻橦，冲狭燕濯，胸突铦锋，跳丸剑之挥霍，走索上而相逢"，则角力角技之本事也。"巨兽之为曼延，舍利之化仙车，吞刀吐火，云雾杳冥"，所谓加眩者之工而增变者也。"总会仙倡，戏豹舞罴，白虎鼓瑟，苍龙吹篪"，则假面之戏也。"女娲坐而长歌，声清畅而委蛇，洪崖立而指挥，被毛羽之襳襹，度曲未终，云起雪飞"，则歌舞之人，又作古人之形象矣。"东海黄公，赤刀粤祝，冀厌白虎，卒不能救"，则且敷衍故事矣。至李尤《平乐观赋》(《艺文类聚》六十三)亦云："有仙驾雀，其形蚴虬，骑驴驰射，狐兔惊走，侏儒巨人，戏谑为偶"，则明明有俳优在其间矣。及元帝初元五年，始罢角抵，然其支流之流传于后世者尚多，故张衡、李尤在后汉时，犹得取而赋之也。

至魏明帝时，复修汉平乐故事。《魏略》(《魏志·明帝纪》裴注所引)："帝引穀水过九龙殿前，水转百戏。岁首，建巨兽，鱼龙曼延，弄马倒骑，备如汉西京之制。"故魏时优人，乃复著闻。《魏志·齐王纪》注引《世语》及《魏氏春秋》云："司马文王镇许昌，征还击姜维，至京师，帝于平乐观，以临军过中领军许允，与左右小臣谋，因文王辞，杀之，勒其众以退大将军，已书诏于前。文王入，帝方食栗，优人云午等唱曰：'青头鸡，青头鸡。'青头鸡者，鸭也(谓押诏书)，帝惧，不敢发。"又《魏书》(裴注引)载：司马师等《废帝奏》亦云："使小优郭怀、袁信，于广望观下作辽东妖妇，嬉亵过度，道路行人掩目。"太后《废帝令》亦云："日延倡优，恣其丑谑。"则此时倡优，亦以歌舞戏谑为事；其作辽东妖妇，或演故事，盖犹汉世角抵之余风也。

晋时优戏，殊无可考。惟《赵书》(《太平御览》卷五百六十九引)云："石勒参军周延为馆陶令，断官绢数万匹，下狱，以八议宥之。后每大会，使俳优着介帻，黄绢单衣。优问：'汝何官，在我辈中？'曰：'我本为馆陶令。'斗数单衣，曰：'正坐取是，入汝辈中。'以为笑。"唐段安节《乐府杂录》，亦载此事，云："参军始自后汉馆陶令石耽。"然后汉之世，尚无参军之官，则《赵书》之说殆是。此事虽非演故事而演时事，又专以调谑为主，然唐宋以后，脚色中有名之参军，实出于此。自此以后以迄南朝，亦有俗乐。梁时设乐，有曲、有舞、有技；然六朝之季，恩幸虽盛，而俳优罕闻，盖视魏晋之优，殆未有以大异也。

由是观之，则古之俳优，但以歌舞及戏谑为事。自汉以后，则间演故事；而合歌舞以演一事者，实始于北齐。顾其事至简，与其谓之戏，不若谓之舞之为当也。然后世戏剧之源，实自此始。《旧唐书·音乐志》云："代面出于北齐。北齐兰陵王长恭，才武而面美，常着假面以对敌。尝击周师金墉城下，勇冠三军，齐人壮之，为此舞以效其指挥击刺之容，谓之《兰陵王入阵曲》。"《乐府杂录》与崔令钦《教坊记》所载略同。又《教坊记》云："《踏摇娘》：北齐有人姓苏，疱鼻，实不仕，而自号为郎中。嗜饮酗酒，每醉，辄殴其妻。妻衔悲诉于邻里。时人弄之：丈夫着妇人衣，徐步入场，行歌。每一叠，旁人齐声和之云：'踏摇和来，踏摇娘苦，和来。'以其且步且歌，故谓之踏摇；以其称冤，故言苦。及其夫至，则作殴斗之状，以为笑乐。"此事《旧唐书·音乐志》及《乐府杂录》亦纪之。但一以苏为隋末河内人，一以为后周士人。齐周隋相距历年无几，而《教坊记》所纪独详，以为齐人，或当不谬。此二者皆有歌有舞，以演一事，而前此虽有歌舞，未用之以演故事，虽演故事，未尝合以歌舞，不可谓非优戏之创例也。盖魏齐周三朝，皆以外族入主中国，其与西域诸国，交通频繁，龟兹、天竺、康国、安国等乐皆于此时入中国；而龟兹乐则自隋唐以来，相承用之，以迄于今。此时外国戏剧，当与之俱入中国，如《旧唐书·音乐志》所载《拨头》一戏，其最著之例也。案《兰陵王》《踏摇娘》二舞，《旧志》列之歌舞戏中，其间尚有《拨头》一戏。《志》云："《拨头》者，出西域，胡人为猛兽所噬，其子求兽杀之，为此舞以象之也。"《乐府杂录》谓之"钵头"，此语之为外国语之译音，固不待言。且于国名、地名、人名三者中，必居其一焉。其入中国，不审在何时。按《北史·西域传》有拔豆国，去代五万一千里（按五万一千里，必有误字，《北史·西域传》诸国，虽大秦之远，亦仅去代三万九千四百里，拔豆上之南天竺国去代三万一千五百里，叠伏罗国去代三万一千里，此五万一千里，疑亦三万一千里之误也）。隋唐二《志》，即无此国，盖于后魏之初，一通中国，后或亡或隔绝，已不可知。如使"拨头"与"拔豆"为同音异译，而此戏出于拔豆国，或由龟兹等国而入中国，则其时自不应在隋唐以后，或北齐时已有此戏；而《兰陵王》《踏摇娘》等戏，皆模仿而为之者欤。

此种歌舞戏，当时尚未盛行，实不过为百戏之一种。盖汉魏以来之角抵奇戏，尚行于南北朝，而北朝尤盛。《魏书·乐志》言："太宗增修百戏，撰合大曲。"《隋书·音乐志》亦云："齐武平中，有鱼龙烂漫，俳优侏儒（中略），奇怪异端，百有余物，名为百戏。周明帝武成间，朔旦会群臣，亦用百戏。及宣帝时，征齐散乐人并会京师为之。至隋炀帝大业二年，突厥染干来朝，炀帝欲夸之，总追四方散乐，大集东都。自是每岁正月，万国来朝，留至十五日，于端门外建国门内，绵亘八里，列为戏场。百官起棚夹路，从昏至旦，以纵观，至晦而罢。伎人皆衣锦绣缯彩，其歌舞者多为妇人服，鸣环珮，饰以花眊者，殆三万人。"故柳彧上书谓："鸣鼓聒天，燎炬照地，人戴兽面，男为女服，倡优杂技，诡状异形。"（《隋书·柳彧传》）薛道衡《和许给事善心戏场转韵诗》（《初学记》卷十五），所咏亦略同。虽侈靡跨于汉代，然视张衡之赋西京，李尤之赋平乐观，其言固未有大异也。

至唐而所谓歌舞戏者，始多概见。有本于前代者，有出新撰者，今备举之。

一、《代面》《大面》

《旧唐书·音乐志》一则（见前）

《乐府杂录》鼓架部条："有代面：始自北齐。神武弟，有胆勇，善战斗，以其颜貌无威，每入阵即著面具，后乃百战百胜。戏者衣紫、腰金、执鞭也。"

《教坊记》："大面出北齐。兰陵王长恭，性胆勇，而貌妇人，自嫌不足以威敌，乃刻为假面，临阵著之，因为此戏，亦入歌曲。"

二、《拨头》《钵头》

《旧唐书·音乐志》一则（见前）

《乐府杂录》鼓架部条："钵头：昔有人父为虎所伤，遂上山寻其父尸。山有八折，故曲八叠。戏者被发素衣，面作啼，盖遭丧之状也。"

三、《踏摇娘》《苏中郎》《苏郎中》

《旧书·音乐志》："踏摇娘生于隋末河内。河内有人，貌恶而嗜酒，常自号郎中；醉归，必殴其妻。其妻美色善歌，为怨苦之辞。河朔演其声而被之弦管，因写其夫之容；妻悲诉，每摇顿其身，故号'踏摇娘'。近代优人改其制度，非旧旨也。"

《乐府杂录》鼓架部条："苏中郎：后周士人苏葩，嗜酒落魄，自号中郎；每有歌场，辄入独舞。今为戏者，着绯、带帽，面正赤，盖状其醉也。即有踏摇娘。"

《教坊记》一则（见前）

四、参军戏

《乐府杂录》俳优条："开元中，黄幡绰、张野狐弄参军。

始自汉馆陶令石耽。耽有赃犯,和帝惜其才,免罪;每宴乐,即令衣白夹衫,命俳优弄辱之,经年乃放。后为参军,误也。开元中,有李仙鹤善此戏,明皇特授韶州同正参军,以食其禄;是以陆鸿渐撰词,言韶州参军,盖由此也。"

赵璘《因话录》(卷一):"肃宗宴于宫中,女优有弄假官戏,其绿衣秉简者,谓之参军桩。"

范摅《云溪友议》(卷九):"元稹廉问浙东,有俳优周季南、季崇,及妻刘采春,自淮甸而来,善弄《陆参军》,歌声彻云。"

(附)《五代史·吴世家》:"徐氏之专政也,杨隆演幼懦,不能自持;而知训尤凌侮之。尝饮酒楼上,命优人高贵卿侍酒,知训为参军,隆演鹑衣髽髻为苍鹘。"

(附)姚宽《西溪丛语》(下)引《吴史》:"徐知训怙威骄淫,调谑王,无敬长之心。尝登楼狎戏,荷衣木简,自称参军,令王髽髻鹑衣,为苍头以从。"

五、《樊哙排君难》戏、《樊哙排闼》剧

《唐会要》(卷三十三):"光化四年正月,宴于保宁殿,上制曲,名曰《赞成功》。时盐州雄毅军使孙德昭等,杀刘季述反正,帝乃制曲以褒之,仍作《樊哙排君难》戏以乐焉。"

宋敏求《长安志》(卷六):"昭宗宴李继昭等将于保宁殿,亲制《赞成功》曲以褒之,仍命伶官作《樊哙排君难》戏以

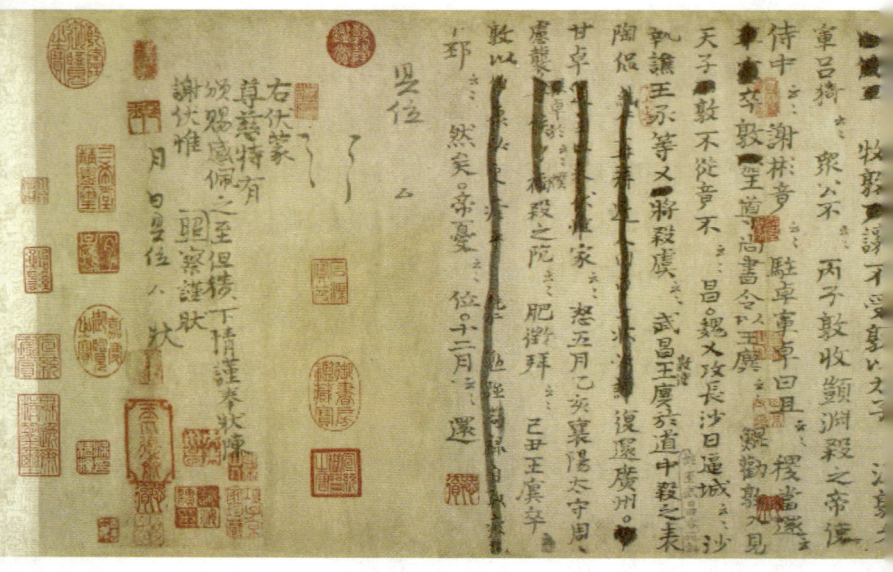

◎资治通鉴残稿 一卷 宋 司马光书

乐之。"

陈旸《乐书》（卷一百八十六）："昭宗光化中，孙德昭之徒刃刘季述，始作《樊哙排闼》剧。"

此五剧中，其出于后赵者一（《参军》），出于北齐或周隋者二（《大面》《踏摇娘》），出于西域者一（《拨头》），惟《樊哙排君难》戏乃唐代所自制，且其布置甚简，而动作有节，固与《破阵乐》《庆善乐》诸舞，相去不远；其所异者，在演故事一事耳。顾唐代歌舞戏之发达，虽止于此，而滑稽戏则殊进步。此种戏剧，优人恒随时地而自由为之；虽不必有故事，而恒托为故事之形；惟不容合以歌舞，故与前者稍异耳。其见于载籍者，兹复汇举之，其可资比较之助者，颇不少也。

《资治通鉴》(卷二百十二)："侍中宋璟，疾负罪而妄诉不已者，悉付御史台治之，谓中丞李谨度曰：'服不更诉者，出之，尚诉未已者，且系。'由是人多怨者。会天旱，优人作魃状，戏于上前。问：'魃何为出？'对曰：'奉相公处分。'又问：'何故？'对曰：'负罪者三百余人，相公悉以系狱抑之，故魃不得不出。'上心以为然。"

《旧唐书·文宗纪》："太和六年二月己丑寒食节，上宴群臣于麟德殿。是日，杂戏人弄孔子。帝曰：'孔子古今之师，安得侮黩。'亟命驱出。"

高彦休《唐阙史》（卷下）："咸通中，优人李可及者，滑稽谐戏，独出辈流。虽不能托讽匡正，然智巧敏捷，亦不可多得。尝因延庆节缁黄讲论毕，次及倡优为戏，可及乃儒服险巾，褒衣博带，摄齐以升讲座，自称《三教论衡》。其隅坐者问曰：'既言博通三教，释迦如来是何人？'对曰：'是妇人。'问者惊曰：'何也？'对曰：'《金刚经》云：敷座而坐。或非妇人，何烦夫坐然后而坐也。'上为之启齿。又问曰：'太上老君何人也？'对曰：'亦妇人也。'问者益所不喻。乃曰：'《道德经》云：吾有大患，是吾有身，及吾无身，吾复何患。倘非妇人，何患乎有娠乎？'上大悦。又问：'文宣王何人也？'对曰：'妇人也。'问者曰：'何以知之？'对曰：'《论语》云：沽之哉！沽之哉！吾待贾者也。向非妇人，待嫁奚为？'上意极欢，宠锡甚厚。翌日，授环卫之员外职。"

唐无名氏《玉泉子真录》（《说郛》卷四十六）："崔公铉之在淮南，尝俾乐工集其家僮，教以诸戏。一日，其乐工告以成就，且请试焉。铉命阅于堂下，与妻李坐观之。僮以李氏妒忌，即以数僮衣妇人衣，曰妻曰妾，列于旁侧。一僮则执简束带，旋辟唯诺其间。张乐，命酒，不能无属意者，李氏未之悟也。久之，戏愈甚，悉类李氏平昔所尝为。李氏虽少悟，以其戏偶合，私谓不敢而然，且观之。僮志在发悟，愈益戏之。李果怒，骂之曰：'奴敢无礼，吾何尝如此。'僮指之，且出，曰：'咄咄！赤眼而作白眼，讳乎？'铉大笑，几至绝倒。"

孙光宪《北梦琐言》（卷六）："光化中，朱朴自《毛诗》博士登庸，恃其口辩，可以立致太平。由藩邸引导，闻于昭宗，遂有此拜。对扬之日，面陈时事数条，每言'臣为陛下致之'。洎操大柄，无以施展，自是恩泽日衰，中外腾沸。内宴日，俳优穆刀陵作念经行者，至御前曰：'若是朱相，即是非相。'翌日出官。"

附五代

《北梦琐言》（卷十四）："刘仁恭之军，为汴帅败于内黄。尔后汴帅攻燕，亦败于唐河。他日命使聘汴，汴帅开宴，俳优戏医病人以讥之。且问：病状内黄，以何药可瘥？其聘使谓汴帅曰：'内黄，可以唐河水浸之，必愈。'宾主大笑。"

钱易《南部新书》（卷癸）："王延彬独据建州，称伪号。一日大设，伶官作戏，辞云：'只闻有泗州和尚，不见有五县天子。'"

郑文宝《江南余载》（卷上）："徐知训在宣州，聚敛苛暴，百姓苦之。入觐侍宴，伶人戏，作绿衣大面若鬼神者。旁一人问：'谁？'对曰：'我宣州土地神也，吾主人入觐，和地皮掘来，故得至此。'"

又（卷上）："张崇帅庐州，人苦其不法。因其入觐，相谓曰：'渠伊必不来矣。'崇闻之，计口征渠伊钱。明年又入觐，人不敢交语，唯道路相目，捋须为庆而已。崇归，又征捋须钱。其在建康，伶人戏为死而获谴者曰：'焦湖百里，一任作獭。'"

观上文之所汇集，知此种滑稽戏，始于开元，而盛于晚唐。以此与歌舞戏相比较，则一以歌舞为主，一以言语为主；一则演故事，一则讽时事；一为应节之舞蹈，一为随意之动作；一可永久演之，一则除一时一地外，不容施于他处：此其相异者也。而此二者之关纽，实在参军一戏。参军之戏，本演石耽或周延故事。又《云溪友议》谓"周季南等弄《陆参军》，歌声彻云"，则似为歌舞剧。然至唐中叶以后，所谓参军者，不必演石耽或周延；凡一切假官，皆谓之参军。《因话录》所谓"女优弄假官戏，其绿衣秉简者谓之参军桩"是也。由是参军一色，遂为脚色之主。其与之相对者，谓之苍鹘。李义山《骄儿诗》："忽复学参军，按声唤苍鹘。"《五代史·吴世家》所纪，足以证之。上所载滑稽剧中，无在不可见此二色之对立。如李可及之儒服险巾，褒衣博带；崔铉家童之执简束带，旋辟唯诺；南唐伶人之绿衣大面，作宣州土地神：皆所谓参军者为之，而与之对待者，则为苍鹘。此说观下章所载宋代戏剧，自可了然，此非想象之说也。要之：唐、五代戏剧，或以歌舞为主,而失其自由;或演一事,而不能被以歌舞。其视南宋、金、元之戏剧,尚未可同日而语也。

第三章 宋之小说、杂戏

宋之滑稽戏,虽托故事以讽时事,然不以演事实为主,而以所含之意义为主。至其变为演事实之戏剧,则当时之小说实有力焉。

小说之名起于汉,《西京赋》云:"小说九百,本自虞初。"《汉书·艺文志》有"《虞初周说》九百四十四篇"。其书之体例如何,今无由知。唯《魏略》(《魏志·王粲传》注引)言:"临淄侯植,诵俳优小说数千言。"则似与后世小说已不相远。六朝时,干宝、任昉、刘义庆诸人咸有著述,至唐而大盛。今《太平广记》所载,实集其成。然但为著述上之事,与宋之小说无与焉。宋之小说则不以著述为事,而以讲演为事,灌园耐得翁《都城纪胜》谓:"说话有四种,一小说,一说经,一说参请,一说史书。"《梦粱录》(卷二十)所纪略同。《武林旧事》(卷六)所载诸色伎艺人中,有书会(谓说书会),有演史,有说经诨经,有小说。而《都城纪胜》《梦粱录》均谓小说人能以一朝一代故事,顷刻间提破,则演史与小说自为一类。此三书所记皆南渡以后之事,而其源则发于宋初。高承《事物纪原》(卷九):"仁宗时,市人有能谈三国事者,或采其说，加缘饰，作影人。"《东坡志林》（卷六）："王彭尝云：'涂巷中小儿薄劣，为其家所厌苦，辄与钱令聚坐，听说古话，至说三国事'"云云。《东京梦华录》（卷五）所载京瓦伎艺，有霍四究说三分、尹常卖《五代史》。至南渡以后，有敷衍《复华篇》及《中兴名将传》者，见于《梦粱录》。此皆演史之类也。其无关史事者，则谓之小说。《梦粱录》云："小说，一名银字儿，如烟粉、灵怪、传奇、公案、朴刀、杆棒、发发、踪参等事。"则其体例亦当与演史大略相同。今日所传之《五代平话》，实演史之遗；《宣和遗事》，殆小说之遗也。此种说话，以叙事为主，与滑稽剧之但托故事者迥异。其发达之迹，虽略与戏曲平行，而后世戏剧之题目多取诸此，其结构亦多依仿为之，所以资戏剧之发达者实不少也。

至与戏剧更相近者，则为傀儡。傀儡起于周季，《列子》以偃师刻木人事，为在周穆王时，或系寓言。然谓列子时已有此事，当不诬也。《乐府杂录》以为起于汉祖平城之卧，其说无稽。《通典》则云："《窟礧子》作偶人以戏，善歌舞，本丧家乐也。汉末始用之于嘉会。"其说本于应劭《风俗通》，则汉时固确有此戏矣。汉时此戏结构如何，虽不可考，然六朝之际，此戏已演故事。《颜氏家训·书证篇》："或问：俗名傀儡子为郭秃，有故实乎？答曰：《风俗通》云，诸郭皆讳秃，当是前世有姓郭而病秃者，滑稽调戏，故后人为其象，呼为郭秃。"唐时傀儡戏中之郭郎实出于此，至宋犹有此名。唐之傀儡，亦演故事。《封氏闻见记》（卷六）："大历中，太原节度辛景云葬日，诸道节度使使人修祭。范阳祭盘，最为高大，刻木为尉迟鄂公、突厥斗将之象，机关动作，不异于生。祭讫，灵车欲过，使者请曰：对数未尽。又停车，设项羽与汉高祖会鸿门之象，良久乃毕。"至宋而傀儡最盛，种类亦最繁，有悬丝傀儡、走线傀儡、杖头傀儡、药发傀儡、肉傀儡、水傀儡各种（见《东京梦华录》《武林旧事》《梦粱录》）。《梦粱录》云："凡傀儡敷衍烟粉、灵怪、铁骑、公案、史书、历代君臣将相故事。话本或讲史，或作杂剧，或如崖词。（中略）大抵弄此，多虚少实，如《巨灵神》《朱姬大仙》等也。"则宋时此戏，实与戏剧同时发达，其以敷衍故事为主，且较胜于滑稽剧。此于戏剧之进步上，不能不注意者也。

傀儡之外，似戏剧而非真戏剧者，尚有影戏。此则自宋始有之。《事物纪原》（卷九）："宋朝仁宗时，市人有能谈三国事者，或采其说加缘饰、作影人，始为魏吴蜀三分战争之象。"《东京梦华录》所载京瓦伎艺，有影戏，有乔影戏。南宋尤盛，《梦粱录》云："有弄影戏者，元汴京初以素纸雕簇，自后人巧工精，以羊皮雕形，以彩色装饰，不致损坏。（中略）其话本与讲史书者颇同，大抵真假相半。公忠者雕以正貌，奸邪者刻以丑形，盖亦寓褒贬于其间耳。"然则影戏之为物，专以演故事为事，与傀儡同。此亦有助于戏剧之进步者也。

以上三者，皆以演故事为事。小说但以口演，傀儡、影戏则为其形象矣。然而非以人演也；其以人演者，戏剧之外，尚有种种，亦戏剧之支流，而不可不一注意也。

"三教"《东京梦华录》（卷十）："十二月，即有贫者三教人，为一火，装妇人、神、鬼，敲锣击鼓，巡门乞钱，俗呼为'打夜胡'。"

"讶鼓"《续墨客挥犀》（卷七）："王子醇初平熙河，边陲宁静，讲武之暇，因教军士为讶鼓戏，数年间，遂盛行于世。其举动、舞装之状与优人之词，皆子醇初制也。或云：子醇初与西人对阵，兵未交，子醇命军士百余人，装为讶鼓队，绕出军前，虏见皆愕眙。进兵奋击，大破之。"《朱子语类》（卷一百三十九）亦云："如舞讶鼓，其间男子、妇人、僧道杂色无所不有，但都是假的。"

"舞队"《武林旧事》（卷二）所记舞队，全与前二者相似。今列其目：

《查查鬼》（《查大》）、《李大口》（《一字口》）、《贺丰年》、《长瓠敛》（《长头》）、《兔吉》（《兔毛大伯》）、《吃遂》、《大憨儿》、《粗妲》、《麻婆子》、《快活三郎》、《黄金杏》、《瞎判官》、《快活三娘》、《沈承务》、《一脸膜》、《猫儿相公》、《洞公觜》、《细妲》、《河东子》、《黑遂》、《王铁儿》、《交椅》、《夹棒》、《屏风》、《男女竹马》、《男女杵歌》、《大小斫刀鲍老》、《交衮鲍老》、《子弟清音》、《女童清音》、《诸国献宝》、《穿心国入贡》、《孙武子教女兵》、《六国朝》、《四国朝》、《遏云社》、《绯绿社》、《胡安女》、《凤阮稽琴》、《扑蝴蝶》、《回阳丹》、《火药》、《瓦盆鼓》、《焦锤架儿》、《乔三教、这》、《乔迎酒》、《乔亲事》、《乔乐神》(《马明王》)、《乔捉蛇》、《乔学堂》、《乔宅眷》、《乔像生》、《乔师娘》、《独自乔》、《地仙》、《旱划船》、《教象》、《装态》、《村田乐》、《鼓板》、《踏橇》(一作《踏跷》)、《扑旗》、《抱锣装鬼》、《狮豹蛮牌》、《十斋郎》、《耍和尚》、《刘衮》、《散钱行》、《货郎》、《打娇惜》

其中装作种种人物，或有故事。其所以异于戏剧者，则演剧有定所，此则巡回演之。然后来戏名、曲名中，多用其名目，可知其与戏剧非毫无关系也。

第七章　古剧之结构

宋金以前，杂剧院本今无一存。又自其目观之，其结构与后世戏剧迥异，故谓之古剧。古剧者，非尽纯正之剧，而兼有竞技游戏在其中，既如前二章所述矣。盖古人杂剧，非瓦舍所演，则于宴集用之。瓦舍所演者，技艺甚多，不止杂剧一种；而宴集时所以娱耳目者，杂剧之外亦尚有种种技艺，观《宋史·乐志》《东京梦华录》《梦粱录》《武林旧事》所载天子大宴礼节可知。即以杂剧言，其种类亦不一。正杂剧之前，有艳段，其后散段谓之杂扮，二者皆较正杂剧为简易。此种简易之剧，当以滑稽戏、竞技游戏充之，故此等亦时冒杂剧之名，此在后世犹然。明顾起元《客座赘语》谓："南都万历以前，大席则用教坊打院本，乃北曲四大套者。中间错以撮垫圈、舞观音，或百丈旗，或跳队。"明代且然，则宋、金固不足怪。但其相异者，则明代竞技等，错在正剧之中间，而宋、金则在其前后耳。至正杂剧之数，每次所演亦复不多。《东京梦华录》谓："杂剧入场，场两段。"《梦粱录》亦云："次做正杂剧，通名两段。"《武林旧事》（卷一）所载："天基圣节排当乐次。"亦皇帝初坐，进杂剧二段，再坐，复进二段。此可以例其余矣。

脚色之名，在唐时只有参军、苍鹘，至宋而其名稍繁。《梦粱录》（卷二十）云："杂剧中末泥为长，每一场四人或五人（中略）。末泥色主张，引戏色分付，副净色发乔，副末色打诨。或添一人，或曰装孤。"《辍耕录》（卷二十五）所述略同。唯《武林旧事》（卷一）所载："乾淳教坊乐部"中，杂剧三甲，一甲或八人，或五人。其所列脚色五，则有戏头而无末泥，有装旦而无装孤，而引戏、副净、副末三色则同，唯副净则谓之次净耳。《梦粱录》云："杂剧中末泥为长。"则末泥或即戏头，然戏头、引戏，实出古舞中之舞头、引舞（唐王建宫词"舞头先拍第三声"，又"每过舞头分两向"，则舞头唐时已有之。《宋史·乐志》有引舞，亦谓之引舞头。《乐府杂录·傀儡》条有引歌舞者郭郎，则引舞亦始于唐也），则末泥亦当出于古舞中之舞末。《东京梦华录》（卷九）云："舞旋多是雷中庆，舞曲破攧前一遍，舞者入场，至歇拍，一人入场，对舞数拍，前舞者退,独后舞者终其曲,谓之舞末。"末之名当出于此。又长言之则为末泥也。净者,参军之促音。宋代演剧时,参军色手执竹竿子以句之(见《东京梦华录》卷九),亦如唐代协律郎之举麾乐作,偃麾乐止相似,故参军亦谓之竹竿子。由是观之,则末泥色以主张为职,参军色以指麾为职,不亲在搬演之列。故宋戏剧中净、末二色反不如副净、副末之著也。

　　唐之参军、苍鹘,至宋而为副净、副末二色。夫上既言净为参军之促音,兹何故复以副净为参军也?曰:副净本净之副,故宋人亦谓之参军。《梦华录》中执竹竿子之参军,当为净,而第二章滑稽剧中所屡见之参军,则副净也。此说有征乎?曰:《辍耕录》云:"副净古谓之参军,副末古谓之苍鹘,鹘能击禽鸟,末可打副净。"此说以第二章所引《夷坚志》(丁集卷四)、《桯史》(卷七)、《齐东野语》(卷十三)诸事证之,无乎不合。则参军之为副净,当可信也。故净与末,始见于宋末诸书,而副净与副末则北宋人著述中已见之。黄山谷[鼓笛令]词云:"副靖传语木大,鼓儿里且打一和。"王直方《诗话》(《苕溪渔隐丛话》前集卷二十引)载:"欧阳公致梅圣俞简云:'正如杂剧人,上名下韵不来,须副末接续。'"凡宋滑稽剧中,与参军相对待者,虽不言其为何色,其实皆为副末。此出于唐代参军与苍鹘之关系,其来已古。而《梦粱录》所谓"末泥色主张,引戏色分付,副净色发乔,副末色打诨",此四语实能道尽宋代脚色之职分也。主张、分付,皆编排命令之事,故其自身不复演剧。发乔者，盖乔作愚谬之态，以供嘲讽，而打诨，则益发挥之，以成一笑柄也。试细玩第二章所载滑稽剧，无在不可见发乔打诨二者之关系。至他种杂剧，虽不知如何，然谓剧净、副末二色，为古剧中最重之脚色，无不可也。

至装孤、装旦二语，亦有可寻味者。元人脚色中有孤有旦，其实二者非脚色之名。孤者，当时官吏之称；旦者，妇女之称。其假作官吏、妇女者，谓之装孤、装旦则可，若径谓之孤与旦则已过矣。孤者，当以帝王、官吏自称孤寡，故谓之孤，旦与姐不知其义。然《青楼集》谓张奔儿为风流旦，李娇儿为温柔旦，则旦疑为宋元倡伎之称。优伶本非官吏，又非妇人，故其假作官吏、妇人者，谓之装孤、装旦也。

要之，宋杂剧、金院本二目所现之人物，若姐，若旦，若徕，则示其男女及年齿；若孤，若酸，若爷老，若邦老，则示其职业及位置；若厥，若倈，则示其性情举止（其解均见拙著《古剧脚色考》），若哮，若郑，若和，虽不解其义，亦当有所指示。然此等皆有某脚色以扮之，而其自身非脚色之名，则可信也。

宋杂剧、金院本二目中，多被以歌曲。当时歌者与演者果一人否，亦所当考也。滑稽剧之言语，必由演者自言之，至自唱歌曲与否，则当视此时已有代言体之戏曲否以为断。若仅有叙事体之曲，则当如第四章所载史浩《剑舞》，歌唱与动作分为二事也。

综上所述者观之，则唐代仅有歌舞剧及滑稽剧，至宋、金二代而始有纯粹演故事之剧，故虽谓真正之戏剧起于宋代，无不可。然宋、金演剧之结构虽略如上，而其本则无一存。故当日已有代言体之戏曲否，已不可知。而论真正之戏曲，不能不从元杂剧始也。

第十三章　元院本

元人杂剧之外尚有院本，《辍耕录》云："国朝杂剧、院本，分而为二。"盖杂剧为元人所创，而院本则金源之遗，然元人犹有作之者。《录鬼簿》（卷下）云"屈英甫名彦英，编《一百二十行》及《看钱奴》院本"是也。元人院本，今无存者，故其体例如何，全不可考，唯明周宪玉《吕洞宾花月神仙会》杂剧中有院本一段。此段系宪王自撰，或剪裁金、元旧院本充之，虽不可知，然其结构简易，与北剧、南戏均截然不同，故作元院本观可。即金人院本，亦即此而可想像矣。今全录其文如左：

末云："小生昨日街上闲行，见了四个乐工，自山东瀛州来到此处，打踅觅钱。小生邀他今日在大姐家，庆会小生生辰，偌早晚还不见来。"

办净同捷讥、付末、末泥上，相见了，做院本《长寿仙献香添寿》。院本上。捷云："歌声才住。"末泥云："丝竹暂停。"净云:"俺四大佳戏向前。"付末云:"道甚清才谢乐?"捷云:"今日双秀才的生日,您一人要一句添寿的诗。"捷先云:"桧柏青松常四时。"付末云:"仙鹤仙鹿献灵芝。"末泥云:"瑶池金母蟠桃宴。"付净云:"都活一千八百岁。"付末打云:"这言语不成文章,再说。"净云:"都活二千九百岁。"付末云:"也不成文章。"净云:"有了,有了,都活三万三千三百岁,白了髭髯白了眉。"付末云:"好,好,到是一个寿星。"捷云:"我问你一人要一件祝寿底物。"捷云:"我有一幅画儿,上面三个人儿,两个是福禄星君,一个是南极老儿。"问付末,云:"我有一幅画儿,上面四科树儿,两科是青松翠柏,两科是紫竹灵芝。"问末泥,云:"我有一幅画儿,上面两般物儿,一个是送酒黄鹤,一个是衔花鹿儿。"净趋抢云:"我也有,我有一幅画儿,上面一个靶儿,我也不识是甚物,人都道是春画儿。"付末打云:"这个甚底?将来献寿。"净云:"我子愿欢会长生。"净趋抢云:"俺一人要两般乐器:一般是丝,一般是竹,与双秀才添寿咱。"捷云:"我有一个玉笙,有一架银筝,就有一个小曲儿添寿,名是[醉太平]。"捷唱:"有一排玉笙,有一架银筝,将来献寿凤鸾鸣,感天仙降庭。玉笙吹出悠然兴,银筝挡得新词令,都来添寿乐官星,祝千年寿宁。"

末泥云:"我也有一管龙笛,一张锦瑟,就有一个曲儿添寿。"末泥唱:"品龙笛凤声,弹锦瑟泉鸣,供筵前添寿老人星，庆千春万龄。瑟呵，冰蚕吐出丝明净；笛呵，紫筠调得声相应。我将这龙笛锦瑟贺升平，饮香醪玉瓶。"

付末云："我也有一面琵琶，一管紫箫，就有个曲儿添寿。"付末唱："拨琵琶韵美，吹箫管声齐，琵琶、箫管庆樽席，向筵前奏只。琵琶弹出长生意，紫箫吹得天仙会，都来添寿笑嬉嬉，老人星贺喜。"

净趋抢云："小子儿也有一条弦儿、一个孔儿的丝竹，就有一个曲儿添寿。"净唱："弹棉花的木弓、吹柴草的火筒，这两般丝竹不相同，是俺付净色的受用。这木弓弹了棉花呵，一夜温暖衣衾重。这火倚吹着柴草呵，一生饱食凭他用。这两般不受饥，不受冷，过三冬，比你乐器的有功。"

付末打云："付净的巧语能言。"净云："说遍这丝竹管弦。"付末云："蓝采和手执檀板。"净云："汉钟离书捧真筌。"付末云："铁拐李忙吹玉管。"净云："白玉蟾舞袖翩翩。"付末云："韩湘子生花藏叶。"净云："张果老击鼓喧阗。"付末云："曹国舅高歌大曲。"净云："徐神翁慢抚琴弦。"付末云："东方朔学踏焰爨。"净云："吕洞宾掌记词篇。"付末云："总都是神仙作戏。"净云："庆千秋福寿双全。"付末云："问你付净的办个甚色？"净云："哎哎，哎哎，我办个富乐院里乐探官员。付末收住："世财红粉高楼酒，都是人间喜乐时。"末云："深谢四位伶官，逢场作戏，果然是锦心绣口，弄月嘲风。"

此中脚色，末泥、付末、付净（即副末、副净）三色，与《辍耕录》所载院本中脚色同，唯有捷讥而无引戏。案：上文说唱，皆捷讥在前，则捷讥或即引戏。捷讥之名，亦起于宋。《武林旧事》（卷六）"诸色伎艺人"中，商谜有捷机和尚是也。此四色中，以付净、付末二色为重。且以付净色为尤重，较然可见。此犹唐、宋遗风。其中付末打付净者三次，亦古代鹘打参军之遗。而末一段付净、付末各道一句，又欧阳公《与梅圣俞书》所谓"如杂剧人上名下韵不来，须副末接续"者也。此一段之为古曲，当无可疑；即非古曲，亦必全仿古剧为之者。以其足窥金、元之院本，故兹著之。

院本之体例，有白有唱，与杂剧无异。唯唱者不限一人，如上例中捷讥、末泥、付末、付净，各唱［醉太平］一曲是也。明徐充《暖姝由笔》（《续说郛》卷十九）曰："有白有唱者名杂剧，用弦索者名套数，扮演戏跳而不唱者名院本。"杂剧与套数之别，既见上章，绝非如徐氏之说。至谓院本演而不唱，则不独金人院本以曲名者甚多，即上例之中亦有歌曲。而《水浒传》载白秀英之演院本，亦有白有唱，可知其说之无根矣。且院本一段之中，各色皆唱，又与南曲戏文相近。但一行于北，一行于南，其实院本与南戏之间，其关系较二者之与元杂剧更近。以二者一出于金院本，一出于宋戏文，其根本要有相似之处，而元杂剧则出于一时之创造故也。

余论

一

由此书所研究者观之,知我国戏剧,汉魏以来,与百戏合,至唐而分为歌舞戏及滑稽戏二种。宋时滑稽戏尤盛,又渐借歌舞以缘饰故事;于是向之歌舞戏不以歌舞为主,而以故事为主。至元杂剧出而体制遂定。南戏出而变化更多,于是我国始有纯粹之戏曲。然其与百戏及滑稽戏之关系,亦非全绝。此于第八章论古剧之结构时已略及之。元代亦然。意大利人马哥

◎市井人物图 清末民俗画师周培春绘本

朴禄《游记》中，记元世祖时曲宴礼节云："宴毕彻案，伎人入，优戏者、奏乐者、倒植者、弄手技者，皆呈艺于大汗之前，观者大悦。"则元时戏剧亦与百戏合演矣。明代亦然。吕毖《明宫史》（木集）谓："钟鼓司过锦之戏约有百回，每回十余人不拘。浓淡相间，雅俗并陈，全在结局有趣。如说笑话之类，又如杂剧故事之类，各有引旗一对，锣鼓送上。所装扮者，备极世间骗局俗态，并闺阃拙妇骏男，及市井商匠、刁赖词讼、杂耍把戏等项。"则与宋之杂扮略同。至杂耍把戏，则又兼及百戏，虽在今日，犹与戏剧未尝全无关系也。

二

由前者观之，则北剧、南戏皆至元而大成，其发达亦至元代而止。嗣是以后，则明初杂剧，如谷子敬、贾仲名辈，矜重典丽，尚似元代中叶之作；至仁、宣间，而周宪王有炖，最以杂剧知名，其所著见于《也是园书目》者共三十种。即以平生所见者论，其所自刊者九种，刊于《杂剧十段锦》者十种，而一种复出，共得十八种。其词虽谐稳，然元人生气至是顿尽，且中颇杂以南曲，且每折唱者不限一人，已失元人法度矣。此后唯王漾陂九思、康对山海，皆以北曲擅场；而二人所作《杜甫游春》《中山狼》二剧，均鲜动人之处。徐文长谓之《四声猿》，虽有佳处，然不逮元人远甚。至明季所谓杂剧，如汪伯玉道昆、陈玉阳与郊、梁伯龙辰鱼、梅禹金鼎祚、王辰玉衡、卓珂月人月所作，搜于《盛明杂剧》中者，既无定折，又多用南曲，其词亦无足观。南戏亦然。此戏明中叶以前作者寥寥，至隆、万后始盛，而尤以吴江沈伯英璟、临川汤义仍显祖为巨擘。沈氏之词，以合律称，而其文则庸俗不足道；汤氏才思诚一时之隽，然较之元人，显有人工与自然之别。故余谓北剧、南戏限于元代，非过为苛论也。

三

杂剧、院本、传奇之名，自古迄今，其义颇不一。宋时所谓杂剧，其初殆专指滑稽戏言之。孔平仲《谈苑》（卷五）："山谷云：作诗正如作杂剧，初时布置，临了须打诨。"吕本中《童蒙训》亦云："如作杂剧，打猛诨人，却打猛诨出。"《梦粱录》亦云："杂剧全用故事，务在滑稽。"故第二章所集之滑稽戏，宋人恒谓之杂剧，此杂剧最初之意也。至《武林旧事》所载之官本杂剧段数，则多以故事为主，与滑稽戏截然不同；而亦谓之杂剧，盖其初本为滑稽戏之名，后扩而为戏剧之总名也。元杂剧又与宋官本杂剧截然不同。至明中叶以后，则以戏曲之短者为杂剧，其折数则自一折以至六七折皆有之，又舍北曲而用南曲，又非元人所谓杂剧矣。

院本之名义亦不一，金之院本与宋杂剧略同。元人既创新杂剧，而又有院本，则院本殆即金之旧剧已。然至明初，则已有谓元杂剧为院本者，如《草木子》所谓"北院本特盛，南戏遂绝"者，实谓北杂剧也。顾起元《客座赘语》谓："南都万历以前，大席则用教坊，打院本，乃北曲四大套者。"此亦指北杂剧言之也。然明文林《琅玡漫钞》（《苑录汇编》卷一百九十七）所纪太监阿丑打院本事，与《万历野获编》（卷二十六）所纪郭武定家优人打院本事，皆与唐宋以来之滑稽戏同，则犹用金元院本之本义也。但自明以后，大抵谓北剧或南戏为院本。《野获编》谓"逮本朝院本久不传；今尚称院本者，犹沿宋元之旧也。金章宗时，董解元《西厢》尚是院本模范"云云，其以《董西厢》为院本，固误，然可知明以后所谓院本，实与戏曲之意无异也。

传奇之名，实始于唐。唐裴铏所作《传奇》六卷，本小说家言，为传奇之第一义也。至宋，则以诸宫调为传奇，《武林旧事》所载诸色伎艺人，诸宫调传奇，有高郎妇、黄淑卿、王双莲、袁太道等。《梦粱录》亦云："说唱诸宫调，昨汴京有孔三传，编成传奇、灵怪，入曲说唱。"即《碧鸡漫志》所谓"泽州孔三传首唱诸宫调古传，士大夫皆能诵之"者也。则宋之传奇，即诸宫调，一谓之古传，与戏曲亦无涉也。元人则以元杂剧为传奇，《录鬼簿》所著录者均为杂剧，而录中则谓之传奇。又，杨铁崖《元宫词》云："《尸谏灵公》演传奇，一朝传到九重知。奉宣赍与中书省，诸路都教唱此词。"按：《尸谏灵公》乃鲍天祐所撰杂剧，则元人均以杂剧为传奇也。至明人则以戏曲之长者为传奇（如沈璟《南九宫谱》等），以与北杂剧相别。乾隆间，黄文旸编《曲海目》，遂分戏曲为杂剧、传奇二种。余曩作《曲录》从之。盖传奇之名，至明凡四变矣。

戏文之名，出于宋元之间，其意盖指南戏。明人亦多用此语，意亦略同。唯《野获编》始云："自北有《西厢》，南有《拜月》，杂剧变为戏文，以至《琵琶》，遂演为四十余折，几倍杂剧。"则戏曲之长者，不问北剧、南戏，皆谓之戏文，意与明以后所谓传奇无异。而戏曲之长者，北少而南多，故亦恒指南戏。要之，意义之最少变化者，唯此一语耳。

至我国乐曲与外国之关系，亦可略言焉。三代之顷，庙中已列夷蛮之乐。汉张骞之使西域也，得《摩诃兜勒》之曲以归，至晋吕光平西域，得龟兹之乐，而变其声。魏太武平河西得之，谓之西凉乐；魏周之际，遂谓之国伎。龟兹之乐，亦于后魏时入中国。至齐、周二代，而胡乐更盛。《隋志》谓："齐后主唯好胡戎乐，耽爱无已，于是繁乎淫声，争新哀怨，故曹妙达、安未弱、安马驹之徒，至有封王开府者（曹妙达之祖曹婆罗门，受琵琶曲于龟兹商人，盖亦西域人也）。遂服簪缨而为伶人之事。后主亦能自度曲，亲执乐器，悦玩无厌，使胡儿阉官之辈齐唱和之。"北周亦然。太祖辅魏之时，得高昌伎，教习以备飨宴之礼。及武帝大和六年，罗掖庭四夷乐，其后帝娉皇后于北狄，得其所获康国、龟兹等乐，更杂以高昌之旧，并于大司乐习焉。故齐、周二代并用胡乐。至隋初，而太常雅乐，并用胡声。而龟兹之八十四调，遂由苏祗婆郑译而显。当时九部伎,除清乐、文康为江南旧乐外,余七部皆胡乐也。有唐仍之,其大曲、法曲,大抵胡乐,而龟兹之八十四调,其中二十八调尤为盛行。宋教坊之十八调,亦唐二十八调之遗物;北曲之十二宫调与南曲之十三宫调,又宋教坊十八调之遗物也。故南北曲之声,皆来自外国。而曲亦有自外国来者,其出于大曲、法曲等,自唐以前入中国者且勿论,即以宋以后言之,则徽宗时蕃曲复盛行于世。吴曾《能改斋漫录》(卷一)云,徽宗"政和初有旨,立赏钱五百千,若用鼓板改作北曲子,并着北服之类,并禁止,支赏。其后民间不废鼓板之戏,第改名太平鼓"云云。至"绍兴年间,有张五牛大夫听动鼓板,中有[太平令],因撰为赚"(见上)。则北曲中之[太平令]与南曲中之[太平歌],皆北曲子。又第四章所载南宋赚词,其结构似北曲而曲名似南曲者,亦当自蕃曲出。而南北曲之赚,又自赚词出也。至宣和末,京师街巷鄙人多歌蕃曲,名曰[异国朝][四国朝][六国朝][蛮牌序][蓬蓬花]等,其言至俚,一时士大夫皆能歌之(见上)。今南北曲中尚有[四国朝][六国朝][蛮牌儿],此亦蕃曲,而于宣和时已入中原矣。至金人入主中国,而女真乐亦随之而入。《中原音韵》谓:"女真[风流体]等乐章,皆以女真人音声歌之。虽字有舛讹,不伤于音律者,不为害也。"则北曲双调中之[风流体]等,实女真曲也。此外,如北曲黄钟宫之[者剌古],双调之[阿纳忽][古都白][唐兀歹][阿忽令],越调之[拙鲁速],商调之［浪来里］，皆非中原之语，亦当为女真或蒙古之曲也。

以上就乐曲之方面论之。至于戏剧，则除《拨头》一戏自西域入中国外，别无所闻。辽金之杂剧院本，与唐宋之杂剧结构全同。吾辈宁谓辽金之剧皆自宋往，而宋之杂剧不自辽金来，较可信也。至元剧之结构，诚为创见；然创之者实为汉人，而亦大用古剧之材料与古曲之形式，不能谓之自外国输入也。

至我国戏曲之译为外国文字也为时颇早。如《赵氏孤

覆元椠古今杂剧三十种 赵氏孤儿 据元刻本影刻

儿》，则法人特赫尔特（Du Halde）实译于千七百六十二年，至一千八百三十四年，而裘利安（Julian）又重译之。又英人大维斯（Davis）之译《老生儿》在千八百十七年，其译《汉宫秋》在千八百二十九年。又，裘利安所译，尚有《灰阑记》《连环计》《看钱奴》，均在千八百三四十年间。而拔残氏所译尤多，如《金钱记》《鸳鸯被》《赚蒯通》《合汗衫》《来生债》《薛仁贵》《铁拐李》《秋胡戏妻》《倩女离魂》《黄粱梦》《昊天塔》《忍字记》《窦娥冤》《货郎旦》，皆其所译也。此种译书，皆据《元曲选》；而《元曲选》百种中，译成外国文者已达三十种矣。

清真先生遗事（节选）

周邦彦字美成，钱塘人。疏隽少检，不为州里推重，而博涉百家之书。元丰初，游京师，献《汴都赋》万余言。神宗异之，命侍臣读于迩英殿，召赴政事堂，自大学诸生一命为正。居五岁不迁，益尽力于辞章。出教授庐州，知溧水县，还为国子主簿。哲宗召对，使诵前赋，除秘书省正字。历校书郎、考功员外郎、卫尉宗正少卿、兼议礼局检讨，以直龙图阁，知河中府。徽宗欲使毕礼书，留之逾年，乃知龙德府（当作隆德府）。徙明州，入拜秘书监，进徽猷阁待制，提举大晟府。未几，知顺昌府，徙处州。卒年六十六，赠宣奉大夫。邦彦好音乐，能自度曲。制乐府长短句，词韵清蔚，传于世。（《宋史·文苑传》）

案：先生献赋之岁，本传及《挥麈余话》皆云在元丰初。《余话》所载先生《重进汴都赋表》，则云元丰元年七月。（《汲古》《照旷》二本皆同。）而近时钱塘丁氏《武林先哲遗书》中，重刊明单刻本《汴都赋》，前有《重进赋表》，则作六年七月。《直斋书录解题》又作元丰七年。余案：元年当为六年之误。赋中所陈有疏汴洛、改官制、修景灵宫三事。案《宋史》《河渠志》，元丰二年三月，以宋用臣提举导洛通汴。《神宗纪》元丰二年六月甲寅，清汴成。三年六月丙午，诏中书省详定官制，五年夏四月癸酉，官制成。三年九月乙酉，洛卿景灵宫作十一殿，以时王礼祀祖宗。五年十一月，景灵宫成，告迁祖宗神御。此三事皆在元年之后，此一证也。楼攻愧《清真先生文集序》云："未及三十作《汴都赋》。"时先生方二十八岁。若在元年，则才二十三岁。当云年逾二十，不得云未及三十，此二证也。楼《序》《咸淳志》《直斋书录》皆云"赋奏，命左丞李清臣读于迩英殿"。案：清臣官至门下侍郎，此云左丞，非称其最后之官，乃以读赋时之官称之。而《神宗纪》及《宰辅表》，清臣以元丰六年八月辛卯自吏部尚书除尚书右丞，至元祐初，乃迁左丞。则左丞当为右丞之误。献赋在七月，而读赋则在八月以后，亦与事实合，此三证也。若直斋所云七年，则又因六年七月而误也。

周邦彦，字美成，钱塘人也。性落魄不羁，涉猎书史。元丰中，献《汴都赋》，神宗异之，自诸生命为太学正。绍圣中，除秘书省正字。徽宗即位，为校书郎，迁考功员外郎、卫尉宗正少卿，又迁卫尉卿，出知隆德府，徙明州，召为秘书监，擢徽猷阁待制，提举大晟府。未几，知真定，改顺昌府，提举洞霄宫。卒年六十六。邦彦能文章，世特传其词调云。（《东都事

◎周邦彦像

略·文艺传》）

周邦彦，字美成。少涉猎书史，游太学，有俊声。元丰中，献《汴都赋》七千言，多古文奇字。神宗嗟异，命左丞李清臣读于迩英阁。多以边旁言之，不尽悉也。徽宗即位，为校书郎，累迁卫尉卿，出知隆德府，徙明州，以秘书监召赐对崇政殿。上问《汴都赋》其辞云何，对以岁月久，不能省忆。用表进，帝览表称善。除徽猷阁待制，提举大晟府，知真定府，改顺昌府，提举洞霄宫。卒年六十六。邦彦能文章，妙解音律，名其堂曰顾曲。乐府盛行于世，人谓之落魄不羁。其提举大晟，亦由此。然其文，识者谓有工力深到处，磬镜乌几之铭，有郑圃、漆园之风，祷神之文，仿《送穷》《乞巧》之作，不但词调而已。自号清真居士，有集二十四卷。

案：此以重进《汴都赋》在官秘书监后，本《挥麈余话》。误，辨见后条。提举洞霄宫当从《玉照新志》王铚所手记者为正，乃南京鸿庆宫，非杭州洞霄也。楼钥《文集叙》称其旅死，亦合。

周美成邦彦，元丰初，以太学生进《汴都赋》。神宗命之以官，除太学录。其后流落不偶，浮沉州县三十余年。蔡元长用事，美成献《生日》诗，略云："化行禹贡山川内，人在周公礼乐中。"元长大喜，即以秘书少监召，又复荐之。上殿契合，诏再取其本来进。表云："六月十八日赐对崇政殿，问臣为诸生时所进先帝《汴都赋》，其辞云何？臣言曰：赋语猥繁，岁月持久，不能省忆，即敕以本来进者。雕虫末技，已玷国恩，刍狗陈言，再干睿览，事超所望，忧过于荣。窃惟汉、晋以来，才士辈出，咸有颂述，为国光华。两京天临，三国鼎峙，奇伟之作，行于无穷。恭惟神宗皇帝，盛德大业，卓高古初。积害悉平，百废再举，朝廷郊庙，罔不崇饰。仓虞府库，罔不充仞，经术学校，罔不兴作。礼乐制度，罔不厘正。攘狄斥地，罔不流行。理财禁非，动协成算。以至鬼神怀，鸟兽若，搢绅之所诵习，载籍之所编记，三五以降，莫之与京'未闻承学之臣，有所歌咏，于今无传，视古为愧。'臣于斯时，自惟徒费学廪，无益治世万分之一，不揣所堪，裒集盛事，铺陈为赋，冒死进投。先帝哀其狂愚，赐以首领，特从官使，以劝四方。臣命薄数奇，旋遭时变，不能俯仰取容，自触罢废。漂零不偶，积年于兹。臣孤愤莫伸，大恩未报，每抱旧藁，涕泗横流。不图于今，得望天表，亲奉圣训，命录旧文。退省荒芜，恨其少作，忧惧惶惑，不知所为。伏惟陛下，执道御有，本于生知，出言成章，匪由学习。而臣也，欲睎云汉之丽，自呈绘画之工，唐突不量，诛死何恨。陛下德侔覆焘，恩浃飞沉，致绝异之祥光，出久幽之神玺。丰年屡应，瑞物毕臻，方将泥金泰山，鸣玉梁父，一代方策，可无述焉？如使臣殚竭精神，驰聘笔墨，方于兹赋，尚有靡者焉。其元丰元年七月所进《汴都赋》并书共二册，谨随表上进以闻。"表入，乙览称善，除次对内祠。(《挥麈余话》一)

案：此条所记抵牾最甚。"太学录"当依《宋史》《东都事略》诸书，作太学正。浮沉州县三十余年，亦无此事。其重进《汴都赋》，参考诸书，当在哲宗元符之初，而不在蔡元长用事之后。征之表文，事甚明白。《寿蔡元长》诗云："化行禹贡山川内，人在周公礼乐中。"必作于崇宁大观制作礼乐之后。时先生已位列卿，若于此时进赋，不得云"漂零不偶，积年于兹"，一也。表文又云："陛下德侔覆焘，恩浃飞沉，致绝异之祥光，出久幽之神玺。"此正哲宗元符事。案：咸阳段义得玉玺，《宋史》《哲宗纪》云："在元符元年正月。"《舆服志》谓："在绍圣三年四年上之。"志说较是。志又云："元符元年三月，翰林学士蔡京，及讲议官十三员奏按所献玉玺云：'今得玺于咸阳，其玉乃蓝田之色，其篆与李斯小篆体合。饰以龙凤鸟鱼，乃虫书鸟迹之法，于今所传古书、莫可比拟，非汉以后所作明矣。今陛下嗣守祖宗大宝，而神玺自出。其文曰"受命于天，既寿永昌"。则天之所畀，乌可忽哉！汉、晋以来，得宝鼎瑞物，犹告庙改元，肆眚上寿，况传国之器乎？'遂以五月朔御大庆殿，降坐受宝，群臣上寿称贺。"所谓"出久幽之神玺"，正指此事。若徽宗崇宁五年，虽得玉印，然未尝以为神玺，则重进《汴都赋》，明在哲宗时，二也。若《重进赋表》

作于徽宗时，不应不及哲宗朝诵赋之事，三也。明清通习宋时掌故，不知何以疏漏若此。《咸淳志》亦仍其误、幸有《宋史》及表文可证耳。楼攻愧《清真先生文集序》云："哲宗始置之文馆，徽宗又列之郎曹，皆以受知先帝之故，以一赋而得三朝之眷"云云，则先生非由元长进用，亦可知。至云"表入，乙览称善，除次对内祠。"则又并前后数事为一事。又后日提举鸿庆宫，亦外祠而非内祠，其纰缪不待论也。

周邦彦待制，尝为刘昺之祖作埋铭，以白金数十斤为润笔，不受。昺无以报之，因除户部尚书，荐以自代。后刘缘坐王采訑言事得罪，美成亦落职，罢知顺昌府宫祠。周笑谓人曰："世有门生累举主者多矣，独邦彦乃为举主所累，亦异事

◎宋六十名家词　周邦彦词　明　毛晋辑　清光绪十四年汪氏振绮堂刊本

也。"（庄绰《鸡肋编》中）

案：《挥麈后录》三云："王、刘既诛窜，适郑达夫与蔡元长交恶，郑知蔡之尝荐二人也，忽降旨，应刘昺所荐，并令吏部具姓名以闻。当议降黜，宰执既对，左丞薛昂进曰：'刘昺臣尝荐之矣，今昺所荐尚当坐，而臣荐昺，何以逃罪？'京即进曰。（中略。）上笑而止，由是不直达夫。即再降旨，刘昺所荐并不问。"则先生此时但外转，并未落职，亦未奉祠。季裕所记但一时之言，故王铚记先生晚年事，犹云："以待制提举南京鸿庆宫也。"

道君幸李师师家，偶周邦彦先在焉。知道君至，遂匿于床下。道君自携新橙一颗，云："江南初进来。"遂与师师谑语，邦彦悉闻之，隐括成《少年游》云："并刀如水，吴盐胜雪，纤手破新橙。"后云："城上已三更，马滑霜浓，不如休去，直是少人行。"李师师因歌此词。道君问："谁作？"李师师奏云："周邦彦词。"道君大怒，坐朝谕蔡京云："开封府有监税周邦彦者，闻课额不登，如何京尹不案发来！"蔡京罔知所以，奏云："容臣退朝呼京尹叩问，续得覆奏。"京尹至，蔡以御前圣旨谕之。京尹云："惟周邦彦课额增羡。"蔡云："上意如此，只得迁就将上。"得旨："周邦彦职事废驰，可日下押出国门。"隔一二日，道君复幸李师师家，不见李师师。问其家，知送周监税。道君方以邦彦出国门为喜，既至，不遇。坐久，至更初，李始归。愁眉泪睫，憔悴可掬。道君大怒，云："尔往哪里去？"李奏："臣妾万死。知周邦彦得罪，押出国门，略致一杯相别，不知官家来。"道君问："曾有词否？"李奏云："有《兰陵王》词。今'柳阴直'者是也。"道君云："唱一遍看。"李奏云："容臣妾奉一杯歌此词，为官家寿。"曲终，道君大喜，复召为大晟乐正。后官至大晟乐府待制，邦度以词行，当时皆称美成词。殊不知美成文笔，大有可观。作《汴都赋》、如笺奏杂著，皆是杰作，可惜以词掩其他文也。当时李师师家有二邦彦：一周美成，一李士美，皆为道君狎客。士美因而为宰相。吁！君臣遇合于倡优下贱之家，国之安危治乱，可想而知矣！（张端义《贵耳集》下）

案：此条所言，尤失实。《宋史》《徽宗纪》："宣和元年

◎宋六十名家词　周邦彦词　明　毛晋辑　清光绪十四年汪氏振绮堂刊本

十二月，帝数微行，正字曹辅上书极论之，编管郴州。"又《曹辅传》："自政和后，帝多微行，乘小轿子数内臣导从，置行幸局。局中以帝出日，谓之。'有排当。'次日未还，则传旨，称疮痍不坐朝。始，民间犹未知，及蔡京谢表，有'轻车小辇，七赐临幸'。自是邸报闻四方。"是徽宗微行，始于政和，而极于宣和。政和元年，先生已五十六岁，官至列卿，应无冶游之事。所云开封府监税，亦非卿监侍从所为。至大晟乐正，与大晟乐府待制，宋时亦无此官也。

宣和中，李师师以能歌舞称。时周邦彦为太学生，每游其家。一夕，值祐陵临幸，仓猝隐去。既而赋小词，所谓"并刀如水，吴盐胜雪"者，盖纪此夕事也。未几，李被宣唤，遂歌于上前，问谁所为，则以邦彦对。于是遂与解褐，自此通显。既而朝廷赐酺，师师又歌《大酺》《六醜》二解。上顾教坊使袁绹问，绹曰："此起居舍人新知潞州周邦彦作也。"向《六醜》之义，莫能对。急召邦彦问之，对曰："此犯六调，皆声之美者，然绝难歌。昔高阳氏有子六人，才而丑，故以比之。"上喜，意将留行。且以近者祥瑞沓至，将使播之乐府，命蔡元长微叩之。邦彦云："某老矣，颇悔少作。"会起居郎张果与之不咸，廉知邦彦尝于亲王席上，作小词赠舞鬟云："歌席上，无赖是横波。宝髻玲珑攲玉燕，绣巾柔腻掩香罗。何况会婆娑。无个事、因甚敛双蛾。浅淡梳妆疑是画，惺松言语胜闻歌。好处是情多。"为蔡道其事。上知之，由是得罪。师师后人中，

封瀛国夫人。朱希真有诗云："解唱《阳关》别调声，前朝惟有李夫人。"即其人也。（周密《浩然斋雅谈》下）

案：此条失实，与《贵耳集》同。云"宣和中"先生"尚为太学生"，则事已距四十余年。且苟以少年致通显，不应复以《忆江南》词得罪。其所自记，亦相抵牾也。师师未尝入宫，见《三朝北盟会编》。

周美成晚归钱塘乡里，梦中得《瑞鹤仙》一阕："悄郊原带郭，行路永、客去车尘漠漠。斜阳映山落。敛余红、犹恋孤城阑角。凌波步弱。过短亭，何用素约？有流莺劝我，重解绣鞍，缓引春酌。不计归时早暮，上马谁扶，醉眠朱阁。惊飙动幕。犹残醉、绕红药。叹西园，已是花深无地，东风何事又恶？在流光过却，归来洞天自乐。"未几，方腊盗起，自桐庐拥兵入杭。时美成方会客，闻之，仓皇出奔，趁西湖之坟庵，次郊外。适际残腊，落日在山，忽见故人之妾，徒步，亦为逃避计。约下马小饮于道旁，闻莺声于木杪分背。少焉，抵庵中，尚有余醺，困卧小阁之上，恍如词中。逾月，贼平入城，则故居皆遭蹂践。旋营缉而处。继而得请提举杭州洞霄宫，遂老焉，悉符前作。美成尝自记甚详，今偶失其本，姑记其略，而书于编。（《挥麈余话》二）

明清《挥麈余话》记周美成《瑞鹤仙》事，近于故箧中，得先人所叙，特为详备，今具载之。美成以待制提举南京鸿庆官，自杭徙居睦州，梦中作长短句《瑞鹤仙》一阕。既觉犹能全记,了不详其所谓也。未几,青溪贼方腊起,逮其鸱张,方还杭州旧居,而道路兵戈已满,仅得脱死,始得入钱塘门,但见杭人仓皇奔避,如蜂屯蚁沸。视落日,半在鼓角楼檐间,即词中所云"斜阳映山落,敛余晖,犹恋孤城阑角"者应矣。当是时,天下承平日久,吴、越享安闲之乐。而狂寇啸聚,径自睦州直捣苏、杭,声言遂蹋二浙。浙人传闻,内外响应,求死不暇。美成旧居既不可住,是日无处得食,饥甚。忽于稠人中,有呼待制何往者,视之,乡人之侍儿,素所识者也。且曰:"日昃未必食,能舍车过酒家乎?"美成从之。惊遽间,连引数杯散去,腹枵顿解,乃词中所谓"凌波步弱,过短亭,何用素约?有流莺劝我,重解绣鞍,缓引春酌"之句验矣。饮罢,觉微醉,便耳目惶惑,不敢少留,径出城北。江涨桥诸寺,士女已盈满,不能驻足。独一小寺经阁,偶无人,遂宿其上。即词中所谓"上马谁扶,醉眠朱阁"又应矣。既见两浙处处奔避,遂绝江居扬州。未及息肩,而传闻方贼已尽据二浙,将涉江之淮、泗。因自计,方领南京鸿庆宫,有斋厅可居,乃挈家往焉。则词中所谓"念西园,已是花深无路,东风又恶"之语应矣。至鸿庆,未几以疾卒,则"任流光过了,归来洞天自乐。"又应于身后矣。美成生平好作乐府,将死之际,梦中得句,而字字俱应,卒章又应于身后,岂偶然哉!美成之守颍上,与仆相知。其至南京,又以此词见寄。尚不知此词之言,待其死,乃竟验如此。(《玉照新志》二)

案：此二条，当以《玉照新志》明清父钰所手记者为正。

周美成初在姑苏，与营妓岳七、楚云者游甚久。后归自京师，首访之，则已从人矣。明日，饮于太守蔡峦子高坐上。见其妹，作《点绛唇》曲寄之云："辽鹤归来，故乡多少伤心事。短书不寄，鱼浪空千里。凭仗桃根，说与相思意。愁何际，旧时衣袂，犹有东风泪。"（王灼《碧鸡漫志》二）

案：《吴郡志》自元丰至宣和，苏州太守并无蔡峦其人，仅崇宁间有蔡渭耳。渭故相蔡确之子，后改名懋，与峦字不类，义亦与子高之字不相应。以他书所记先生事观之，则此说疑亦附会也。

◎宋六十名家词　周邦彦词　明　毛晋辑　清光绪十四年汪氏振绮堂刊本

周美成为江宁府溧水令，主簿之室，有色而慧，美成常款洽于尊席之间。世所传《风流子》词，盖所寓意焉。（中略）词中"新绿""待月"，皆簿厅亭轩之名也。俞义仲云。（《挥麈余话》二）

案：明清记美成事，前后抵牾者甚多。此条疑亦好事者为之也。《御选历代诗余》词话，引此条作"主簿之姬"，疑所见别有善本也。

《玉溪生诗年谱会笺》序

善哉，孟子之言诗也！曰："说诗者，不以文害辞，不以辞害志。以意逆志，是为得之。"顾意逆在我，志在古人，果何修而能使我之所意不失古人之志乎？此其术孟子亦言之，曰："诵其诗，读其书，不知其人可乎？是以论其世也。"是故由其世以知其人，由其人以逆其志，则古诗虽有不能解者，寡矣。汉人传《诗》皆用此法，故四家《诗》皆有序。序者，序所以为作者之意也。《毛序》今存，《鲁诗》说之见于刘向所述者，于《诗》事尤为详尽。及北海郑君出，乃专用孟子之法以治《诗》。其于《诗》也，有"谱"有"笺"。谱也者，所以论古人之世也；笺也者，所以逆古人之志也。故其书虽宗毛公，而亦兼采三家，则以论世所得者然也。又

◎孟子像

《毛诗序》以《小雅》《十月之交》《雨无正》《小旻》《小宛》四篇为刺幽王作，郑君独据《国语》及《纬候》，以为刺厉王之诗，于"谱"及"笺"并加厘正。尔后王基、王肃、孙毓之徒，申难相承，沿于近世，迄无定论。逮同治间，函皇父敦出于关中，而毛、郑是非乃决于百世之下。敦铭云："函皇父作周妘、盘、盉、尊器、敦、鼎、自豕鼎、降十又两罍、两壶，周妘其万年，子子孙孙永宝用。"周妘犹言周姜，即函皇父之女，归于周，而皇父为作媵器者。《十月之交》"艳妻"，《鲁诗》本作"阎妻"，皆此敦"函"之假借字。函者，其国或氏；妘者，其姓。而幽王之后则为姜、为姒，均非妘姓。郑长于毛，即此可证。信乎，论世之不可以已也。故郑君序《诗谱》曰："欲知源流清浊之所处，则循其上下而省之；欲知风化芳臭气泽之所及，则旁行而观之。"

治古诗如是，治后世诗亦何独不然？余读吾友张君孟劬《玉溪生年谱》，而益信此法之

◎玉溪生诗意　唐　李商隐撰　清　朱鹤龄注　屈复意　清乾隆时期扬州艺古堂刻本

不可易也。有唐一代，惟玉溪生诗词旨最为微晦，遗山论诗已有"无人作郑笺"之叹。三百年来，治之者近十家，盖未尝不以论世为逆志之具。然唐自大中以后，史失其官，《武宗实录》亦亡于五季，故《新》《旧》二书，于会昌后事动多疏舛，后世注玉溪诗者，仅求之于二书，宜其于玉溪之志多所扞格也。君独旁蒐远绍，博采唐人文集、说部及金石文字，以正刘、宋二书之失。宋次道之"补亡"，吴廷珍之"纠谬"，君殆兼之，而一寄于此谱。以古书例之，朱、冯诸君之书，齐、鲁、韩、毛之"序"也；君书则郑君之"谱"及"笺"也。其所考定者，固质诸古而无疑；其未及论定者，亦将得其证于百世之下。郑君说《小雅·十月之交》，其已事也。君尝与余论浙东、西学派，谓浙东自梨洲、季野、谢山以迄实斋，其学多长于史；浙西自亭林、定宇，以及分流之皖、鲁诸派，其学多长于经。浙东博通，其失也疏；浙西专精，其失也固。君之学，固自浙西入而渐渍于浙东者。故曩为史，微以史法治经、子二学，四通六辟，多发前人所未发。及为此书，则又旁疏曲证，至纤至悉，而孰知其所用者，仍先秦、两汉治经之家法也。故述孟子、郑君之言以序君书，意亦君之所首肯乎？丁巳六月。

译本《琵琶记》序

欲知古人,必先论其世;欲知后代,必先求诸古。欲知一国文学,非知其国古今之情状学术不可也。近二百年来,瀛海大通,欧洲之人,讲求我国故者亦夥矣,而真知我国文学者盖鲜,则岂不以道德风俗之悬殊,而所知、所感,亦因之而异欤?抑无形之情感,固较有形之事物为难知欤?要之,疆界所存,非徒在语言文字而已。以知之之艰,愈以知夫译之之艰。苟人于其所知于他国者,虽博以深,然非老于本国之文学,则外之不能喻于人,内之不能慊诸己,盖兹事之难能久矣。如戏曲之作,于我国文学中为最晚,而其流传于他国也则颇早。法人赫特之译《赵氏孤儿》也,距今百五十年,英人大维斯之译《老生儿》,亦垂百年;嗣是以后,欧利安、拔善诸氏,并事翻译,讫于今,元剧之有译本者,几居三之一焉。余虽未读其译书,然大维斯于所译《老生儿》序中,谓元剧之曲,但以声为主,而不以义为主,盖其所迻译者,科白而已。夫以元剧之精髓,全在曲辞;以科白取元剧,其智去买椟还珠者有几!

日本与我隔裨海,而士大夫能读汉籍者,亦往往而有,故译书之事,反后于欧人,而其能知我文学,固非欧人所能望也。癸丑夏日,得西村天囚君所泽《琵琶记》而读之,南曲之剧,曲多于白,其曲白相生,亦较北曲为甚。故欧人所译北剧多至三十种,而南戏则未有闻也。君之译此书,其力全注于曲,以余之不敏,未解日本文学,故于君文之趣神味韵,余未能道焉。然以君之邃于汉学,又老于本国之文学,信君之所为,必远出欧人译本之上无疑也。海宁王国维序于日本京都吉旧山麓寓庐。

◎琵琶记 元末 高明撰

《国学丛刊》序

学之义不明于天下久矣。今之言学者,有新旧之争,有中西之争,有有用之学与无用之学之争。

余正告天下曰:学无新旧也,无中西也,无有用无用也。凡立此名者,均不学之徒。即学焉,而未尝知学者也。

学之义广矣。古人所谓学,兼知行言之。今专以知言,则学有三大类:曰科学也,史学也,文学也。凡记述事物,而求其原因,定其理法者,谓之科学;求事物变迁之迹,而明其因果者,谓之史学;至出入二者间而兼有玩物适情之效者,谓之文学。然各科学,有各科学之沿革。而史学又有史学之科学,如刘知几《史通》之类。若夫文学,则有文学之学,如《文心雕龙》之类焉,有文学之史如各史《文苑传》焉。而科学、史学之杰作,亦即文学之杰作。故三者非截然有疆界,而学术之蕃变,书籍之浩瀚,得以此三者括之焉。

凡事物必尽其真,而道理必求其是,此科学之所有事也。而欲求知识之真,与道理之是者,不可不知事物道理之所以存

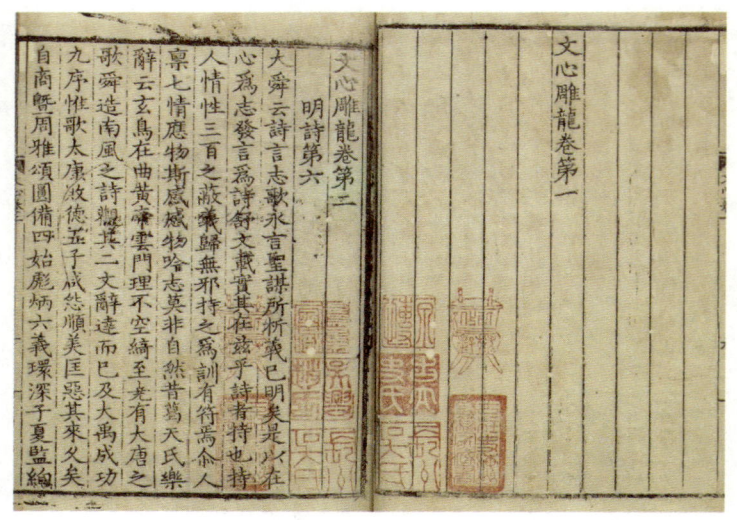

○ 文心雕龙　南朝梁　刘勰撰

在之由与其变迁之故,此史学之所有事也;若夫知识道理之不能表以议论,而但可表以情感者,与夫不能求诸实地,而但可求诸想象者,此则文学之所有事。古今东西之为学,均不能出此三者。惟一国之民,性质有所毗,境遇有所限,故或长于此学而短于彼学。承学之子,资力有偏颇,岁月有涯涘,故不能不主此学,而从彼学。且于一学之中,又择其一部而从事焉。此不独治一学当如是,自学问之性质言之,亦固宜然。然为一学,无不有待于一切他学,亦无不有造于一切他学。故是丹而非素,主入而奴出,昔之学者或有之,今日之真知学、真为学者,可信其无是也。

夫然，故吾所谓学无新旧，无中西，无有用无用之说，可得而详焉。何以言学无新旧也？夫天下之事物，自科学上观之与自史学上观之，其立论各不同。自科学上观之，则事物必尽其真，而道理必求其是。凡吾智之不能通而吾心之所不能安者，虽圣贤言之有所不信焉。虽圣贤行之有所不慊焉。何则？圣贤所以别真伪也，真伪非由圣贤出也。所以明是非也，是非非由圣贤立也。自史学上观之，则不独事理之真与是者足资研究而已，即今日所视为不真之学说、不是之制度风俗，必有所以成立之由，与其所以适于一时之故。其因存于邃古，而其果及于方来，故材料之足资参考者，虽至纤悉不敢弃焉。故物理学之历史，谬说居其半焉；哲学之历史，空想居其半焉；制度风俗之历史，弁髦居其半焉，而史学家弗弃也。此二学之异也。然治科学者，必有待于史学上之材料；而治史学者，亦不可无科学上之知识。今之君子，非一切蔑古，即一切尚古。蔑古者，出于科学上之见地，而不知有史学；尚古者，出于史学上之见地，而不知有科学。即为调停之说者，亦未能知取舍之所以然，此所以有古今新旧之说也。

何以言学无中西也？世界学问，不出科学、史学、文学。故中国之学，西国类皆有之。西国之学，我国亦类皆有之。所异者，广狭疏密耳。即从俗说，而姑存中学、西学之名，则夫虑西学之盛之妨中学，与虑中学之盛之妨西学者，均不根之说也。中国今日，实无学之患，而非中学、西学偏重之患。京师号学问渊薮，而通达诚笃之旧学家，屈十指以计之，不能满也；其治西学者，不过为羔雁禽犊之资，其能贯串精博，终身以之如旧学家者，更难举其一二。风会否塞，习尚荒落，非一日矣。余谓中西二学，盛则俱盛，衰则俱衰；风气既开，互相推助。且居今日之世，讲今日之学，未有西学不兴，而中学能兴者；亦未有中学不兴，而西学能兴者。特余所谓中学，非世之君子所谓中学；所谓西学，非今日学校所授之西学而已。治《毛诗》《尔雅》者，不能不通天文博物诸学；而治博物学者，苟质以《诗》《骚》草木之名状而不知焉，则于此学固未为善。必如西人之推算日食，证梁虞𠚳、唐一行之说，以明《竹书纪年》之非伪；由《大唐西域记》以发见释迦之支墓，斯为得

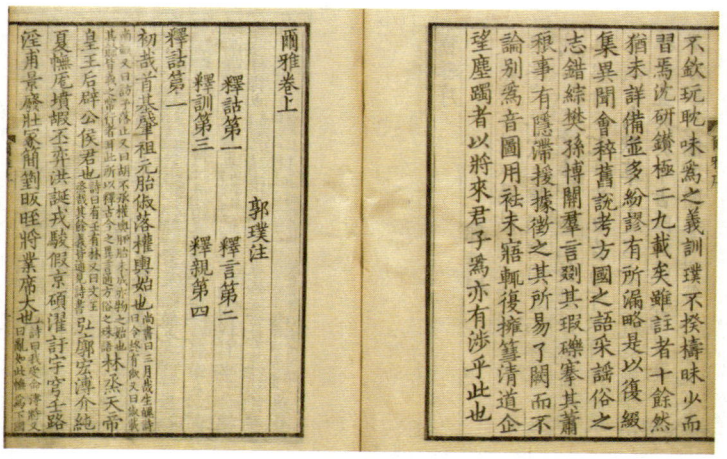

◎尔雅　晋　郭璞注

矣。故一学既兴，他学自从之，此由学问之事，本无中西。彼鳃鳃焉虑二者之不能并立者，真不知世间有学问事者矣！

顾新旧、中西之争，世之通人，率知其不然，惟有用无用之论，则比前二说为有力。余谓凡学皆无用也，皆有用也。欧洲近世农工商业之进步，固由于物理、化学之兴。然物理、化学高深普遍之部，与蒸气、电信有何关系乎？动植物之学，所关于树艺、畜牧者几何？天文之学所关于航海、授时者几何？心理社会之学，其得应用于政治、教育者亦鲜。以科学而犹若是，而况于史学、文学乎？然自他面言之，则一切艺术，悉由一切学问出。古人所谓不学无术，非虚语也。夫天下之事物，非由全不足以知曲，非致曲不足以知全。虽一物之解释，一事之决断，非深知宇宙人生之真相者，不能为也。而欲知宇宙人生者，虽宇宙中之一现象，历史上之一事实，亦未始无所贡献。故深湛幽渺之思，学者有所不避焉；迂远繁琐之讥，学者有所不辞焉。事物无大小，无远近，苟思之得其真，纪之得其实，极其会归，皆有裨于人类之生存福祉。己不竟其绪，他人当能竟之；今不获其用，后世当能用之，此非苟且玩愒之徒所与知也。学问之所以为古今中西所崇敬者，实由于此。凡生民之先觉，政治教育之指导，利用厚生之渊源，胥由此出，非徒一国之名誉与光辉而已。世之君子可谓知有用之用，而不知无用之用者矣。

以上三说，其理至浅，其事至明，此在他国所不必言，而世之君子犹或疑之，不意至今日而犹使余为此哓哓也。适同人将刊行《国学杂志》，敢以此言序其端。此志之刊，虽以中学为主，然不敢蹈世人之争论，此则同人所自信，而亦不能不自白于天下者也。

与缪荃孙书(三通)

致缪荃孙

(1913年5月13日)

艺风先生大人尊鉴:

昨奉赐书并大稿《山陵挽诗》五律二首。读至"地老鹃啼血,天悲鹤语寒",因忆去岁除夕作"可但先人知汉腊,定闻老鹤语尧年"竟成谶语,岂不异哉。拙作排律用通韵,法古人,似但有一二字出入。若全首通押,现未能发见其例。惟国维平生于诗最不喜用僻韵,致使一诗中有骈枝之语、不达之意,故大胆为之。且其中髥兓二字(以今日已无闭口声,故亦放胆用之。)阒人监咸闭口韵,尤为从古所无。劳玉老曾以是相规,心知其非而不能改也。要之,此等诗非为一时而作,但使后之读此诗者惜其落韵,斯亦足矣。诗止于九十韵,亦由此故,若必敷衍成百韵,则难免无谓之语插人其间,先生以为何如?

至东以后得古今体诗二十首,中以长篇为多,现在拟以日本旧大木活字排印成册，名曰《壬癸集》，成后当呈教。顷多阅金文，悟古代宫室之制、现草《明堂庙寝通考》一书，拟分三卷：已说为第一卷，（已成。）次驳古人说一卷，次图一卷。此书全根据金文、龟卜文，而以经证之无乎不合。脱藁之后，再行呈教。

南北交讧，势成决裂，然将来或以妥协了事，亦未可知。《古学汇刊》闻此间颇有购者。余俟续陈。专请

颐安百一

国维顿首　浴佛日

《太平事迹统类》已转致授经矣。又拜。

（1913年5月13日）

致缪荃孙

（1913年11月）

艺风先生大人执事：

颂清兄来，承赐《艺风藏书续志》，敬读一过，乃知续收之书更倍于旧。然所见闻之尊藏书，尚有溢出目外者，殆真人秘笈耶，抑已归他人也？谨领谢谢。

今年发温经之兴，将《三礼注疏》圈点一过。阮校尚称详密，而误处尚属不少，有显然谬误而不赞一辞者，有引极平常之书而不一参校者，臧、洪诸君非不通礼学，而疏漏如是。此系私家著述，犹不免是病，无怪官书之不能善也。夏间作《明

堂寝庙通考》二卷，秋间作《释币》二卷。上卷由衣服制度考币帛之长短广狭，下卷为附录，考历代布帛之丈尺价值。近为韫公编《封泥集存》，续陈、吴二氏《封略》，汰去重复及《考略》所有者，得四百余种。因考两汉地理，始知《汉志》之疏，成《秦郡考》《汉郡考》二文，自谓自裴骃以后，至国朝全、钱、姚诸家之争讼，至是一决。而班孟坚所云高帝置之二十六郡国，其三分之二乃置于景帝时，自来地理学未有见及此者，殊可怪也。因此发兴拟作《两汉六朝乡亭考》，而头绪既繁，体例亦难遽定。初思以《汉志》为纲，而以后汉后之乡亭消纳其中，因见于后代书中之乡亭大半为汉时所有故也。继思新置郡县，每与汉时不必一地，而又紊《汉志》本文，故拟凡见于汉时书中之乡亭用《汉志》编次，见于后汉魏晋书中之乡亭用《续志》编次，见于六朝唐初之乡亭用《隋志》编次，分为三部，大约其数可得折冲府之一倍。此系自己参考需用之书，不必为人而作也。拉杂书此，借告近状。敬请

道安

国维再拜

（1913年11月）

致缪荃孙

（1914年7月）

艺风先生大人尊鉴：

去年以来，久阙书疏，敬维兴居曼福，著述多娱为颂。

岁首与蕴公同考释《流沙坠简》，并自行写定，殆尽三四月之力为之。此事关系汉代史事极大，并现存之汉碑数十通亦不足以比之。东人不知，乃惜其中少古书，岂知纪史籍所不纪之事，更比古书为可贵乎。考释虽草草具稿，自谓于地理上裨益最多，其余关乎制度名物者亦颇有创获，使竹汀先生辈操觚，恐亦不过如是。先生谅已赐览，祈有以教之。

近二三月内作《金文著录表》，宋代一卷已成，国朝四卷正在具草。又就蕴公所有拓本未著录者尚有十之四五，蕴公即拟以次印行，亦即归入表内。近时收藏金文拓本之富，无过于盛伯羲之《郁华阁金文》，而蕴公二十年所搜罗固已过之。前年盛氏拓本亦归其所有，故其全数除复出外尚有千数百器。虽世间古物不止于此，然大略可得十之六七。故此次所作表，谓之金文之全目录，亦略近之。比年以来拟专治三代之学，因先治古文字，遂览宋人及国朝诸家之说。此事自宋迄近数十年无甚进步，《积古》于此事有荜路蓝缕之功，然甚疏陋，亦不能鉴别真伪。《筠清》出龚定庵手，尤为荒谬。许印林称切实，亦无甚发明。最后得吴清卿乃为独绝，惜为一官所累，未能竟其学。然此数十年来，学问家之聪明才气未有大于彼者，不当以学之成否、著书之多寡论也。蕴公继之，加以龟板等新出文字，乃悟《说文》部目之误，并定许所谓古文指壁中书，所谓籀文指汉代尚存之《史籀篇》，此实小学上一大发见，而世尚未之知也。此外有裨于国邑、姓氏、制度、文物之学者，不胜枚举；其有益于释经，固不下木简之有益于史也。

天气炎热，为数年来所无，伏维保卫。专肃，敬请

颐安不宣

国维再拜　闰月廿五日
（1914年7月17日）

唐写本残小说跋

右唐人小说断片，亦狩野博士所录英伦博物馆本，记太宗入冥事，又记判官姓名为崔子玉。狩野博士曾于《艺文杂志》中考此断片，引《太平广记》（一百四十六）所引《朝野佥载》纪太宗入冥事，谓唐初已有此传说。然《佥载》不著冥判姓名，近代郑烺作《崔府君祠录》，引《府君神异录》，正与《佥载》同，惟以冥判为崔府君。考费衮《梁溪漫志》，载宋仁宗景祐二年《加崔真君封号诏》曰："惠存滏邑，恩结蒲人，生著令猷，没司幽府。"已以崔真君为司幽府之神。而楼钥《显应观碑记》言：宣和三年，磁守韩景作记，言唐太宗尝梦得之，诏入觐，刺蒲州、河北采访使。则径以太宗所见冥判为即真君。今观此残卷，知唐人已有此说矣。太宗入冥与崔判官事，传世《西游记演义》亦载之，其语诞妄不足诘。《朝野佥载》则谓冥中问六月四日事。案，太宗诛建成、元吉事，在武德九年六月四日，张鷟不言建成、元吉事者，唐人记先皇事，特微其词耳。《佥载》及《府君神异录》二事，兹比录之，以备参考，可知后世传说，其所由来远矣。

唐太宗极康豫，太史令李淳风见上，流泪无言。上问之，对曰："陛下夕当晏驾。"太宗曰："人生有命，亦何忧也。"留淳风宿。太宗至夜半上奄然入定。见一人云："陛下暂合来，还即去也。"帝问："君是何人？"对曰："臣是生人判冥事。"太宗入见判官，问六月四日事，即令远。向见者又迎送引导出。淳风即观乾象，不许哭泣，须臾乃寤。至曙，求昨所见者，令所司与一官，遂注蜀道一丞（《朝野佥载》）。

《神异录》滏阳八事之一曰：一日，府君忽奉东岳圣帝旨，敕断隐、巢等狱，府君令二青衣引太宗至。时魏征已卒，迎太宗属曰："隐、巢等冤诉，不可与辨。帝功大，但称述，神必佑也。"帝领之，及对质，帝惟以功上陈，不与辨。府君判曰："帝治世安民之功甚伟，隐、巢等淫乱，帝诛殄之，亦正家之义也。即不名正其罪恶为擅诛，促寿而已。今且君临天下，为苍生主也。"敕二青衣送帝回，隐、巢等惶恐云。帝行，复与府君别，府君曰："毋泄也。"后帝令传府君像，与判狱神无异，益信府君之德通于神明矣（《崔府君祠录》）。

品书画之美

中国名画集序

绘画之事,由来古矣。六书之字,作始于象形;五服之章,辉煌于作会。楚壁神灵,发累臣之问;宋舍众史,受元君之图。汉代黄门,亦有画者,殷纣踞妲己之图,周公负成王之象,遂乃悬诸别殿,颁之重臣。魏晋以还,盛图故事;齐梁以降,兼写佛象。爰自开天之际,实分南北之宗。王中允之清华,李将军之刻画,人物告退,而山水方滋。下至韩马、戴牛、张松、薛鹤,一物之工,兹焉托始。荆、关崛起,董、巨代兴。天水一朝,士夫工于画苑;有元四杰,气韵溢乎典型。胜国兴朝,代有作者,莫不家抱钟山之璧,人握赤水之珠,变化拟于鬼神,矩矱通于造化。陈之列肆,非徒照乘之光;阀之巾箱,恒有冲天之气。

今夫成而必亏者,时也;往而不复者,器也。江陵末造,见玉轴之扬灰;宣和旧藏,与降幡而北去。文武之道既尽,昆明之劫方多。即或脱坠简于秦余,逸焦桐于爨下。然且天吴紫凤,坼为牧竖之衣;长康探微,辱于酒家之壁。同糅玉石,终委泥涂。又或幸遘收藏,并遭著录,而兰亭茧纸,永阂昭陵;争坐遗文,竟分安氏。中郎帐中之帙,仅与王郎同观;博士壁中之书,不许晁生转写。此则叔疑之登龙断,众议其私;阳虎之窃大弓,当书为盗者矣。

平等阁主人英英如云,醰醰好古,慨横流之颓洞,惧名迹之榛芜,是用尽发旧藏,并征百氏。琳琅辐辏,吴越好事之家;摹写精能,欧美发明之术。八万四千之宝塔,成于崇朝;什一千百之菁英,珍兹片羽。冀以永留名墨,广被人间。

懿此一举有三美焉。夫学须才也,才须学。是以右相丹青,坐卧僧繇之侧;率更翰墨,徘徊索靖之傍。近世画师,罕窥真迹,见华亭而求北苑,执娄水以觅大痴,既摹仿之不知,于创作乎何有?今则摹从手迹,集自名家,裨我后生,贻之高矩,其美一也。且夫张而必弛者,文武之道;劳而求息者,含生之情。然走狗斗鸡,颇乖大雅;弹棋博簺,易人机心。若夫象在而遗其形,心生而无所住,则岂有对曹霸、韩干(之马),而计驰骋之乐;见毕宏、韦偃之松,而思栋梁之用?会心之处不远,鄙吝之情聿销,诚遣日之良方,亦息肩之胜地。其美二也。三代损益,文质殊尚,五方悬隔,嗜好不同。或以优美、宏壮为宗;或以古雅、简易为尚。我国绘事自为一宗,绘影绘声则有所短,一丘一壑则有所长。凡厥反唇,胥由韫椟。今则假以印刷,广彼流传。贾舶东来,慧光西被,不使蜻蜓岛国,独辉日出之光;罗马故国,专称美日之国。其美三也。

小有搜罗,粗谙鉴别,睹弦盛举,颇发幽情,索我弁言,贻君小引。冀夫笔精墨妙,随江汉而长流;玉躞金题,与昆仑而永固。八月。

◎暮归图 宋 杨柳

《待时轩仿古钤印谱》序

一艺之微,风俗之盛衰见焉。今之攻艺术者,其心偷,其力弱,其气虚侨而不定,其为人也多,而其自为也少,厌常而好奇,师心而不说学。是故于绘画未窥王、恽之藩,而辄效清湘八大放逸之笔;于书则耻言赵、董,乃舍欧、虞、褚、薛,而学北朝碑工鄙别之体;于刻印则鄙薄文、何,乃不宗秦、汉,而摹魏、晋以后镌凿之迹;其中本枵然无有,而苟且鄙倍骄吝之意乃充塞于刀笔间,其去艺术远矣!余与上虞罗雪堂参事,深有慨乎此。参事有季子曰子期,笃嗜篆刻。其家所蓄有秦、汉古钤印千百钮,及近世所出古钤印谱录数十种。子期年幼而志锐,浑浑焉,浩浩焉,日摩挲耽玩于其中。其于世之所谓高名厚利,未尝知也;世人虚侨鄙倍之作,未尝见也。其泽于古也至深,而于今也若遗,故其所作,于古人准绳规矩无毫发遗憾,乃至并其精神意味之不可传者而传之。其伎如庖丁之解牛,佝偻丈人之承蜩,纵指之所至,无不中者,其全于天者欤?其诸不为风俗所转而能转移风俗者欤?风俗之转移,艺术之幸,抑非徒艺术之幸也?适子期以其所仿古钵印谱见示,因书以序之。癸亥秋日。

此君轩记

竹之为物,草木中之有特操者与?群居而不倚,虚中而多节,可折而不可曲,凌寒暑而不渝其色。至于烟晨雨夕,枝捎空而叶成滴,含风弄月,形态百变。自渭川淇澳千亩之园,以至小庭幽榭,三竿两竿,皆使人观之。其胸廓然而高,渊然而深,泠然而清,挹之而无穷,玩之而不可亵也。其超世之致,与不可屈之节,与君子为近,是以君子取焉。

古之君子,其为道也盖不同,而其所以同者,则在超世之致,与不可屈之节而已。其观物也,见夫类是者而乐焉。其创物也,达夫如是者而后慊焉。如屈子之于香草,渊明之于菊,王子猷之于竹,玩赏之不足而咏叹之,咏叹之不足而斯物遂若为斯人之所专有,是岂徒有托而然哉!其于此数者,必有以相契于意言之表也。善画竹者亦然。彼独有见于其原,而直以其胸中潇洒之致,劲直之气,一寄之于画。其所写者,即其所观;其所观者,即其所畜者也。物我无间,而道艺为一,与天冥合,而不知其所以然。故古之工画竹者,亦高致直节之士

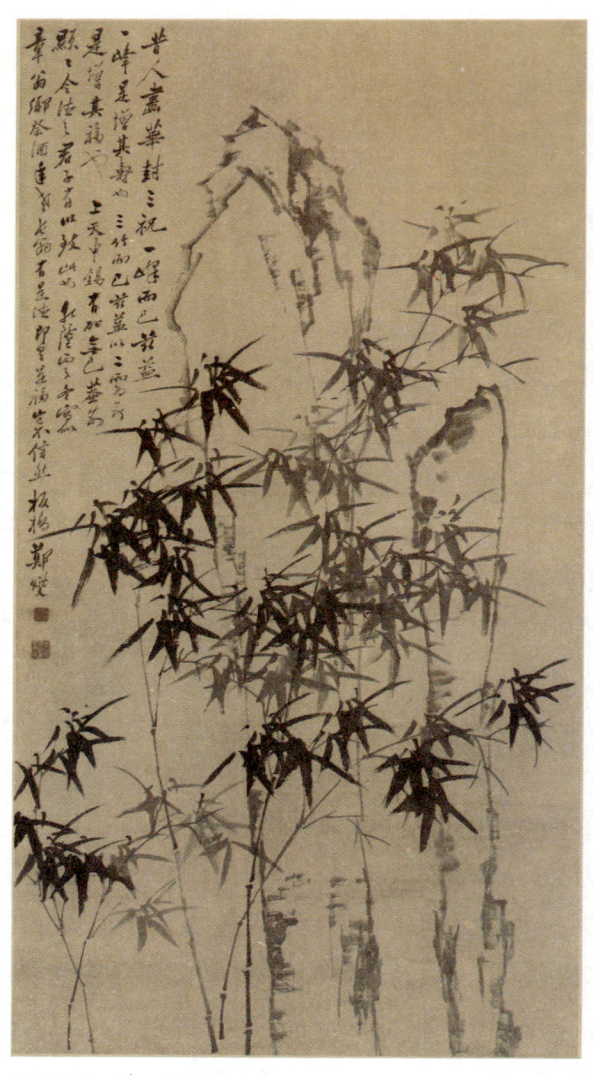

◎竹石图　清　郑板桥

为多。如宋之文与可、苏子瞻,元之吴仲圭是已。观爱竹者之胸,可以知画竹者之胸;知画竹者之胸,则爱画竹者之胸亦可知也已。

日本川口国次郎君,冲澹有识度,善绘事,尤爱墨竹。尝集元吴仲圭、明夏仲昭、文徵仲诸家画竹,为室以奉之,名之曰"此君轩"。其嗜之也至笃,而搜之也至专。非其志节意度符于古君子,亦安能有契于是哉?吾闻川口君之居,在备后之国,三原之城,山海环抱,松竹之所丛生。君优游其间,远眺林木,近观图画,必有有味于余之言者。既属余为《轩记》,因书以质之。惜不获从君于其间,而日与仲圭、徵仲诸贤游,且与此君游也。壬子九月。

墨妙亭记

昔宋孙莘老守湖州，尝集郡内自汉以来古文遗刻，为墨妙亭于府第之北，而东坡先生为之记。元乐善居士顾信，亦集其师松雪翁之书，刻诸其亭之壁，而名之曰"墨妙"。国朝顾湘舟（沅），又集明代诸贤小像墨迹，多至数百通，复以"墨妙"名其亭，于是兹名凡三用矣。湖郡遗刻，今无片石存者；松雪翁之书，世多有之，而顾氏所刻者尽亡；独湘舟所集古人小像，刻于吴中沧浪亭者，岿然尚存，其墨迹虽更兵燹，然其中烜赫者百余通，今归于日本久野元吉君。君又益以国朝名人墨迹，为亭储之，仍从其旧主人之所以名之者，而属余为之记。

昔东坡之记是亭也，假客之言，谓："有物必归于尽，虽金石之坚，俄而变坏。至于功名、文章，其传世垂后，犹为差久。今乃以此托于彼，是久存者反求助于速坏，以此致疑于莘老，而自以知命者必尽人事释之。"今湖州石刻，与亭俱亡，而墨妙亭之名，反借东坡之文以传，则东坡之言信矣。夫古之有德行政事学问文章者，固不借金石翰墨以为重。苟非其人，则其金石翰墨虽存，仅足为学者考古之资，其流传之途，固已隘，而其入于人心者，固已浅矣。若是者，世固亦听其存亡，而反乐取夫德行政事学问文章，其力自足以传后者之金石翰墨而宝之。何者？彼之志节度量，固与世绝殊，故其发于金石翰墨者，不因其人亦足以自存于天壤，况其德行政事学问文章，又足以垂世而行远也！

久野君之所储，其人皆足以自传，其发诸翰墨者，亦皆焕乎其有文，渊乎其有味，使人得窥其树立之所以然。与夫载籍之所不能纪。虽所托者无金石之坚，吾知其精神意度，必百世不可摩灭，宜君之构斯亭以奉之也。抑乐善居士所汇刻者，松雪一人之书耳。莘老所集者稍广，亦止吴兴一郡；湘舟之藏，殆网罗有明一代之名迹，而君复以国朝人益之，以两朝人之墨迹，萃于斯亭，君之嗜古，固前无孙、顾。余也不肖，乃从东坡之后为君记斯亭，故略广东坡之意，以为君之所为，非徒尽人事而已。壬子九月。

二田画颐记

日本备后三原城，有好古之士三：曰川口国次郎，曰久野元吉，曰隅田吉卫。三君者，相得也，余皆得与之游。川口君之所居，有此君轩，久野君有墨妙亭，余皆记之矣。既而隅田君以书来，曰："余有二田画颐者，以沈石田、恽南田之画名焉。君于二君之居既有文，请为我记之。"则应之曰："诺。"

夫绘画之可贵者，非以其所绘之物也，必有我焉以寄于物之中。故自其外而观之，则山水、云树、竹石、花草，无往而非物也；自其内而观之，则子久也，仲圭也，元镇也，叔明也，吾见之于墙而闻其謦欬矣。且子久不能为仲圭，仲圭不能为元镇，元镇、叔明不能为子久、仲圭，则以子久之我，非仲圭之我，而仲圭、元镇、叔明三人者，亦各自有其我故也。画之高下，视其我之高下；一人之画之高下，又视其一时之我之高下。隅田君之于画，其知此矣。

夫二田之画，至不相类也。石田之苍古，南田之秀润，皆其所谓我而不能相为者也。石田之画，荟蔚沈厚，得气之夏，其所写者，虽小草拳石，而有土厚水深之势。南田之画，融和骀荡，得气之春，其所写者，虽枯木断流，而皆有苏生旁出之意。此其不能相为者也，其于书也亦然。石田之书，瘦硬如黄山谷；南田之书，秀媚如褚登善。而二田之书，又非登善、山谷之书也，彼各有所谓我者在也。不然，如石田者，生全盛之世，康宁好德，俯仰无怍，以老寿终，宜其和平简易，无奇伟之观；南田幼遭国变，至为僮仆，为浮屠，虽返初服，而枯槁以终，上有雍端之亲，下有敬通之妇，宜其忧伤憔悴，无乐生之意。而其发于书画者如此，岂非所谓真我者得之于天，不以境遇易欤？二田之画，绝不相类，而君乃合而珍弄之，是必有见于其我之高且大者，而不以其迹也。故书以谂君，并质之川口、久野二君以为何如也？壬子十月。

周之琦鹤塔铭手迹跋

书法一道,山阴、平原,范围百代,唐、宋以来,无或逾越。完白山人夺乎千载之下,真积力久,别张一军,安吴、荆溪,此喎彼于,遂成宗派。世人争重山人篆书,不知其行楷书尤有关于百年以来风气也。山人一派,安吴书迹遍天下,而荆溪书传世甚少。今观此卷,寓骏快于顿挫,出新意于旧规,与近日所出两晋、六朝墨迹,波澜莫二。盖精诚之至,与古冥合,亦如山人篆书,与新出《汉司徒袁敞碑》同一机杼也。丙寅祀灶后一日。

沈乙庵先生绝笔楹联跋

东轩先生弥天四海之量,拨乱反正之志,四通六辟之识,深极研几之学,迈往不屑之韵,沈博绝丽之文,虽千载后犹奕奕有生气,矧在形神未离之顷耶?此书作于易箦前数小时,而气象笔力如是,先生之视躯体,直是传舍耳!陟降以往,无乎不在,箕尾星耶?兜率天耶?对此遗迹,谁谓先生不在人间也!世有唱《神灭论》者,请以此难之。

品诗词之美

静庵诗稿

杂诗(戊戌四月)

一

飘风自北来,吹我中庭树。乌乌覆其巢,向晦归何处?
西山扬颓光,须臾复霾雾。翛翛长夜间,漫漫不知曙。
旨蓄既以罄,桑土又云腐。欲从鸿鹄翔,铩羽不能遽。
阴阳陶万汇,温溧固有数。亮无未雨谋,苍苍何喜怒。

二

美人如桃李,灼灼照我颜。贻我绝代宝,昆山青琅玕。
一朝各千旦,执手涕汍澜。我身局斗室,我魂驰关山。
神光互离合,咫尺不得攀。惜哉此瑰宝,久弃巾箱间。
日月如矢激,倏忽鬓毛斑。我诵《唐棣》诗,愧恧当奚言。

三

豫章生七年,荏染不成株。其上蠹梗楠,郁郁干云衢。

匠石忽惊视,谓与凡材殊。诘朝事斤斧,浃辰涂丹朱。
明堂高且严,佚荡天人居。虹梁抗日月,菡萏纷披敷。
顾此豫章苗,谓为中欂栌。付彼拙工辈,刻削失其初。
柯干未云坚,不如栎与樗。中道失所养,幽怨当何如?

嘉兴道中

舟入嘉兴郭,清光拂客衣。朝阳承月上,远树与星稀。
岁富多新筑,潮平露旧矶。如闻迎大府,河上有旌旗。

八月十五夜月

一餐灵药便长生,眼见山河几变夐。
留得当年好颜色,嫦娥底事太无情?

古代美人图 嫦娥
清末民俗画师周培春绘本

红豆词(四首)

一

南国秋深可奈何,手持红豆几摩挲。
累累本是无情物,谁把闲愁兮与他。

二

门外青骢郭外舟,人生无奈是离愁。
不辞苦向东风视:到处人间作石尤。

三

别浦盈盈水又波,凭栏渺渺思如何?
纵教踏破江南种,只恐春来茁更多。

四

匀圆万颗争相似,暗数千回不厌痴。
留取他年银烛下,拈来细与话相思。

书古书中故纸

昨夜书中得故纸,今朝随意写新诗。
长捐箧底终无恙,比入怀中便足奇。

黯淡谁能知汝恨，沾涂亦自笑余痴。

书成付与炉中火，了却人间是与非。

端居（三首）

一

端居多暇日，自与尘世疏。

处处得幽赏，时时读异书。高吟惊户牖，清淡霏琼琚。

有时作儿戏，距跃绕庭除。角力不耻北，说隐自忘愚。

虽惭云中鹤，终胜辕下驹。如此胡不乐，问君意何如？

二

阳春煦万物，嘉树自敷荣。枳棘苗其旁，鉏锄还复生。

我生三十载，役役苦不平。如何万物长，自作牺与牲。

安得吾丧我，表里洞澄莹。纤云归大壑，皓月行太清。

不然苍苍者，褫我聪与明。冥然逐嗜欲，如蛾赴寒檠。

何为方寸地，矛戟森纵横？闻道既未得，逐物又未能。

衮衮百年内，持此欲何成？

三

孟夏天气柔，草木日夕长。

远山入吾庐，顾影自骀荡。晴川带芳甸，十里平如掌。

时与二三子,披草越林莽。清旷淡人虑,幽蒨遗世网。
归来倚小阁,坐待新月上。渔火散微星,暮钟发疏响。
高谈达夜分,往往入遐想。咏此聊自娱,亦以示吾党。

嘲杜鹃(二首)

一

去国千年万事非,蜀山回首梦依稀。
自家惯作他乡客,犹自朝朝劝客归。

二

干卿何事苦依依,尘世犹来爱别离。
岁岁天涯啼血尽,不知催得几人归?

拚飞

拚飞懒逐九秋雕,孤耿真成八月蜩。
偶作山游难尽兴,独寻僧话亦无聊。
欢场只自增萧瑟,人海何由慰寂寥。
不有言愁诗句在,闲愁那得暂时消。

来日二首

一

来日滔滔来,去日滔滔去。
适然百年内,与此七尺遇。
尔从何处来?行将徂何处?
扶服径幽谷,途远日又暮。
霅然一罅开,熹微知天曙。
便欲从此逝,荆棘窘余步。
税驾知何所,漫漫就前路。
常恐一掷中,失此黄金注。
我力既云痡,哲人倘见度,
瞻望弗可及,求之缣与素。

二

宇宙何寥廓,吾知则有涯。
面墙见人影,真面固难知。
箈篰半在水,本末互参池。
持刀刿作矢,劲直固无亏。
耳目不足凭,何况胸所思。
人生一大梦,未审觉何时。
相逢梦中人,谁为析余疑?
吾侪皆肉眼,何用试金篦。

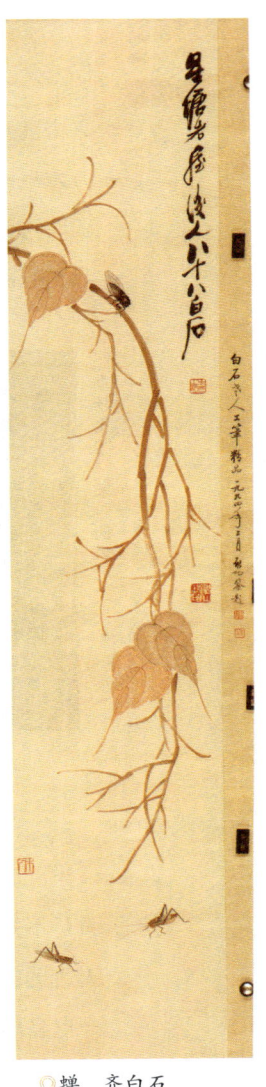

◎蝉 齐白石

晓步

兴来随意步南阡,夹道垂杨相带妍。
万木沉酣新雨后,百昌苏醒晓风前。
四时可爱惟春日,一事能狂便少年。
我与野鸥申后约,不辞旦旦冒寒烟。

○垂杨飞絮 宋 佚名

秀州

看月不知清夜长,归桡渐入秀州乡。
天边远树山千叠,风里垂杨态万方。
一自名园窜狐兔,至今渌水少鸳鸯。
不须为唱梅村曲,芳草萋萋自断肠!

◎竹涧鸳鸯图　宋　佚名

偶成

文章千古事，亦与时枯荣。并世盛作者，人握灵蛇珠。
朝菌媚初日，容色非不腴。飘风夕以至，零落委泥涂。
且复舍之去，周流观石渠。蔽亏东观籍，繁会南郭竽。
譬如贰负尸，桎梏南山隅。恒干块犹存，精气荡无余。
小子瞢无状，亦复事操觚。自忘宿瘤质，揽镜学施朱。
东家与西舍，假得紫罗襦。主者虽不索，跂步终趑趄。
且当养毛羽，勿作南溟图。

九日游留园

朝朝吴市踏红尘,日日萧斋兀欠伸。
到眼名园初属我,出城山色便迎人。
奇峰颇欲作人立,乔木居然阅世新。
忍放良辰等闲过,不辞归路雨沾巾。

出门

出门惘惘知奚适,白日昭昭未易昏。
但解购书那计读,且消今日敢论旬?
百年顿尽追怀里,一夜难为怨别人。
我欲乘龙问羲叔:两般谁幻又谁真?

过石门

我行迫季冬,及此风雨夕。狂飙掠舷过,声声如裂帛。后船紧呼号,似闻楼橹折。

孤怀不能寐,高枕听渐沥。须臾风雨止,微光漏舷隙。

悠然发清兴,起坐岸我帻。片月挂东村,垂垂两岸白。

小松如人长,离离四五尺。老桑最丑怪,亦复可怡悦。疏竹带轻飔,摇摇正秀绝。

松树图 清 弘历

生平几见汝,对而若不识。今夕独何夕,着意媚孤客。非徒豁双眸,直欲奋六翮。此顷能百年,岂惜长行役。

留园玉兰花

庭中新种玉兰树,枝长干短花无数。灿如幼女冠六珈,踯躅墙阴不能步。

今朝送客城西隅,留园名花天下无。拔地扶疏三四丈,倚天绰约百余株。

我上东楼频目极,楼西花海花西日。海上银涛突兀来,日边瑶阙参差出。

○海棠玉兰图　郎世宁

南圃辛夷亦已花，雪山缺处露朝霞。闲凭危槛久徙倚，眼底层层生绛纱。

窈窕吴娘自矜许，却来花底羞无语。直令椒麝黯无香，坐使红颜色消沮。

将归小住更凝眸，暝色催人不可留。归来径卧添愁怅，万花倒插藻井上。

五月二十三夜出阊门驱车至觅渡桥

小斋竟日兀营营，忽试霜蹄四马轻。
萤火时从风里堕，雉垣偏向电边明。
静中观我原无碍，忙里哦诗却易成。
归路不妨冒雷雨，兹游快绝冠平生。

将理归装得马湘兰画幅喜而赋此(二首)

一

旧苑风流独擅场,土苴当日睨侯王。
书生归舸真奇绝,载得金陵马四娘。

二

小石丛兰别样清,朱丝细字亦精神。
君家宰相成何事,羞杀千秋冯玉英。

◎兰图　元　普明

《观堂集林》卷二十四

观红叶一绝句

漫山填谷涨红霞,点缀残秋意太奢。
若问蓬莱好风景,为言枫叶胜樱花。

◎枫鹰稚鸡图　南宋　李迪

昔游（六首）

一

端居爱山水，懒性怯游观。同游畏俗客，独游兴易阑。
行役半九州，所历多名山。舟车有程期，筋力愁跻攀。
穷幽岂不快，资想讵足欢。亦思追昔游，揽笔空汗颜。

二

我本江南人，能说江南美。家家门系船，往往阁临水。
兴来即命棹，归去辄隐几。远浦见萦回，通川流浼弥。
春融弄骀荡，秋爽呈清泚。微风蒹葭外，明月荇藻底。
波暖散凫鹥，渊深跃鲇鲤。枯槎鱼网挂，别浦菱歌起。
何处无此境，吴会三千里。

三

西湖天下胜，春日四序最。我行值暮春，山路雨初霁。
言从金沙港，步至云林寺。山川气苏醒，卉木昼融泄。
老干缀新绿，丛篁积深翠。林际荡湖光，石根漱寒濑。
新莺破寂寥，时出高柳外。兹游犹在眼，流水十年事。

四

二年客吴郡，所赏郡西山。买舟出西郭，清光照我颜。

东风开垂柳,一一露烟鬟。远望殊无厌,近揽信可餐。
天平石尤胜,巧匠穷雕镌。想当洪蒙初,此地朝群仙。
尽将白玉笏,插在苍崖颠。
仰跻蹬道绝,俯视丘壑妍。谷中颇夷旷,有庐有田园。
玉兰数百树,烂漫向晴天。淹留逮日暮,坐见飞鸟还。
题名墨尚在,试觅白云间。

五

大江下岷峨,直走东海畔。我行指夏口,所见多平远。
振奇始豫章,往往成壮观。马当若连屏,石脚插江岸。
窈窕小姑山,微茫湖口县。

◎十万图册 万笏朝天 清 任熊绘

回首香炉峰，飞瀑挂天半。玉龙升紫霄，头角没云汉。
昏旦变光景，阴晴殊隐现。几时步东林，真见庐山面。

六

京师厌尘土，终日常掩关。西山朝暮见，五载未一攀。
却忆军都游，发兴亦偶然。我来自南口，步步增高寒。
两岸积铁立，一径羊肠穿。行人入罾井，羸马蹴流泉。
左转弹琴峡，流水声潺潺。夕阳在峰顶，万杏明倚天。
暮宿青龙桥，关上月正圆。溶溶银海中，历历群峰巅。
我欲从驼纲，北去问居延。明朝入修门，依旧尘埃间。

游仙（乙卯）（三首）

一

金册除书道赐秦，西垂仡见霸图新。
已缘获石祠陈宝，更喜吹箫得上真。
鹑首山河归版籍，凤台歌吹接星辰。
谁知一觉钧天梦，寂寞祈年馆下人。

二

十赍文成九锡如，三千剑履从云车。
临轩自佩黄神印，受箓教披素女书。

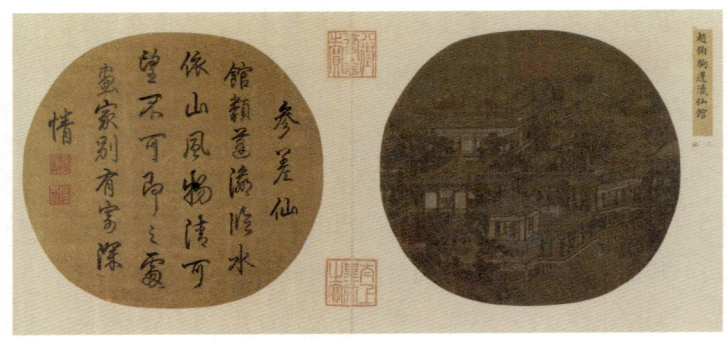

◎蓬莱仙馆图　宋　赵伯驹

金检赤文供劾召,云窗雾阁榜清虚。
诙谐叵奈东方朔,苦为虚皇注起居。

三

劫后穷桑号赤明,眼看天柱向西倾。
经霜琪树春前槁,得水神鱼地上行。
尽有三山沉北极,可无七圣厄襄城。
蓬莱清浅寻常事,银汉何年风浪生?

和巽斋老人伏日杂诗四章(丙辰)

一

春心不可掬,秋思更难量。

雨蚁仍争垤,风萤倏过墙。
视天殊澶漫,观化苦微茫。
《演雅》谁能续,吾将起豫章。

二

风露危楼角,凭栏思浩然。
南流河属地,西柄斗垂天。
国卫中官斥,棓枪复道缠。
为寻甘石问:失纪自何年?

三

平生子沈子,迟暮得情亲。
冥坐皇初意,楼居定后身。
精微存口说,顽献付时论。
近枉秦州作,篇篇妙入神。

四

清浅蓬莱水,从君跂一望。
无由参玉箓,尚记咏霓裳。
度世原无术,登真或有方。
近传羡门信,双鬓已秋霜。

游仙(丁巳)

如盖青天倚杵低,方流玉水旋成泥。
五山峙海根无着,七圣同车路总迷。
员峤自沉穷发北,若华还在邓林西。
含生总作微禽化,玄鹤飞鸲自不齐。

题某君竹刻小像

铸金象范蠡,买丝绣平原。
图形甘泉宫,刻石孝堂山。于事岂不佯,适性非所便。
江南有君子,人在夷惠间。爱画兼爱竹,孤情与云闲。
自貌岩壑姿,镂之青琅玕。画理得简易,竹性得贞坚。
朗朗浮玉山,娟娟下若川。高风寄简毕,永与金石传。

苕华词

◎夕阳秋影 清 吴历

如梦令(点滴空阶)

点滴空阶疏雨。迢递严城更鼓。睡浅梦初成,又被东风吹去。无据。无据。斜汉垂垂欲曙。

浣溪沙

路转峰回出画塘。一山枫叶背残阳。看来浑不似秋光。隔座听歌人似玉,六街归骑月如霜。客中行乐只寻常。

临江仙

过眼韶华何处也?萧萧又是秋声。极天衰草暮云平。斜阳漏处,一塔枕孤城。独立荒寒谁语,蓦回头、宫阙峥嵘。红墙隔雾未分明。依依残照,独拥最高层。

◎柳塘秋草图　宋　佚名

好事近(夜起倚危楼)

夜起倚危楼,楼角玉绳低亚。唯有月明霜冷,浸万家鸳瓦。人间何苦又悲秋,正是伤春罢。却向春风亭畔,数梧桐叶下。

◎梧桐图　明　蓝瑛

西河（垂柳里，兰舟当日曾系）

垂柳里。兰舟当日曾系。千帆过尽，只伊人、不随书至，怪渠道着我侬心，一般思妇游子。昨宵梦，分明记。几回飞度烟水。西风吹断，伴灯花、摇摇欲坠。宵深待到凤凰山，声声啼催起。锦书宛在怀袖底。人迢迢、紫塞千里。算是不曾相忆，倘有情、早合归来，休寄一纸无聊相思字。

◎柳阁风帆图　宋　佚名

花鸟夕阳图　清　恽寿平

蝶恋花（谁道人间秋已尽）

谁道人间秋已尽。哀柳毟毟，尚弄鹅黄影。落日疏林光炯炯。不辞立尽西楼暝。万点栖鸦浑未定。激滟金波，又幂青松顶。何处江南无此景。只愁没个闲人领。

鹧鸪天（列炬归来酒未醒）

列炬归来酒未醒。六街人静马蹄轻。月中薄雾漫漫白，桥外渔灯点点青。从醉里，忆平生。可怜心事太峥嵘。更堪此夜西楼梦，摘得星辰满袖行。

点绛唇（万顷蓬壶）

万顷蓬壶，梦中昨夜扁舟去。萦回岛屿。中有舟行路。波上楼台，波底层层俯。何人住。断崖如锯。不见停桡处。

踏莎行（绝顶无云）

绝顶无云，昨宵有雨。我来此地闻天语。疏钟暝直乱峰回，孤僧晓度寒溪去。是处青山，前生俦侣。招邀尽入闲庭户。朝朝含笑复含颦，人间相媚争如许。

清平乐（樱桃花底）

樱桃花底。相见颓云髻。的的银无限意。消得和衣浓睡。当时草草西窗。都成别后思量。遮莫天涯异日，转思今夜凄凉。

◎ 樱桃图

青玉案（姑苏台上乌啼曙）

姑苏台上乌啼曙。剩霸业、今如许。醉后不堪仍吊古。月中杨柳，水边楼阁，犹自教歌舞。野花开遍真娘墓。绝代红颜委朝露。算是人生赢得处。千秋诗料，一抔黄土，十里寒螀语。

满庭芳（水抱孤城）

水抱孤城，云开远戍，垂柳点点栖鸦。晚潮初落，残日漾平沙。白鸟悠悠自去，汀洲外、无限蒹葭。西风起，飞花如雪，冉冉去帆斜。天涯。还忆旧，香尘随马，明月窥车。渐秋风镜里，暗换年华。纵使长条无恙，重来处、攀折堪嗟。人何许，朱楼一角，寂寞倚残霞。

◎ 惠崇沙汀烟树图　北宋

玉楼春（今年花事垂垂过）

今年花事垂垂过。明岁花开应更䒟。看花终古少年多，只恐少年非属我。劝君莫厌金罍大。醉倒且拚花底卧。君看今日树头花，不是去年枝上朵。

减字木兰花（皋兰被径）

皋兰被径。月底栏干闲独凭。修竹娟娟。风里时闻响佩环。蓦然深省。起踏中庭千个影。依旧人间。一梦钧天只惘然。

鹧鸪天（阁道风飘五丈旗）

阁道风飘五丈旗。层楼突兀与云齐。空余明月连钱列，不照红葩倒井披。频摸索，且攀跻。千门万户是耶非。人间总是堪疑处，唯有兹疑不可疑。

◎云山楼阁图　宋　佚名

附录

《三十自序》一

岁月不居,时节如流,犬马之齿,已过三十。志学以来,十有余年,体素羸弱,不能锐进于学。进无师友之助,退有生事之累,故十年所造,遂如今日而已。然此十年间进步之迹,有可言焉。夫怀旧之感,恒笃于暮年;进取之方,不容于反顾。余年甫壮,而学未成冀一篑以为山,行百里而未半。然举前十年之进步,以为后此十年、二十年进步之券,非敢自喜,抑亦自策励之一道也。

余家在海宁,故中人产也,一岁所入,略足以给衣食。家有书五六簏,除《十三经注疏》为儿时所不喜外,其余晚自塾归,每泛览焉。十六岁见友人读《汉书》而悦之,乃以幼时所储蓄之岁朝钱万,购《前四史》于杭州,是为平生读书之始。时方治举子业,又以其间学骈文、散文,用力不专,略能形似而已。未几而有甲午之役,始知世尚有所谓学者。家贫不能以资供游学,居恒怏怏,亦不能专力于是矣。二十二岁正月,始至上海,主时务报馆,任书记校雠之役。二月而上虞罗君振玉等私立之东文学社成，请于馆主汪君康年，日以午后三小时往学焉，汪君许之。然馆事颇剧，无自习之暇，故半年中之进步，不如同学诸子远甚。夏六月，又以病足归里，数月而愈。愈而复至沪，则时务报馆已闭。罗君乃使治社之庶务，而免其学资。是时社中教师为日本文学士藤田丰八、田冈佐代治二君。二君故治哲学，余一日见田冈君之文集中有引汗德、叔本华之哲学者，心甚喜之。顾文字暌隔，自以为终身无读二氏之书之日矣。次年，社中兼授数学、物理、化学、英文等。其时担任数学者，即藤田君。君以文学者而授数学，亦未尝不自笑也。顾君勤于教授，其时所用藤泽博士之算术、代数两教科书，问题殆以万计。同学三四人者，无一问题不解，君亦无一不校阅也。又一年，而值庚子之变，学社解散。盖余之学于东文学社也，二年有半，而其学英文亦一年有半。时方毕第三读本，乃购第四、第五读本，归里自习之。日尽一二课，必以能解为度，不解者且置之。而北乱稍定，罗君乃助以资，使游学于日本。亦从藤田君之劝，拟专修理学。故抵日本后，昼习英文，夜至物理学校习数学。留东京四五月而病作，遂以是夏归国。自是以后，遂为独学之时代矣。体素羸弱，性复忧郁，人生之问题，日往复于吾前，自是始决从事于哲学，而此时为余读书之指导者，亦即藤田君也。次岁春，始读翻尔彭（Fairbanks）之《社会学》，及文（Jevons）之《名学》、海甫定《心理学》之半。而所购哲学之书亦至，于是暂辍心理学而读巴尔善之

《哲学概论》、文特尔朋之《哲学史》。当时之读此等书,固与前日之读英文读本之道无异。幸而已得读日文,则与日文之此类书参照而观之,遂得通其大略。既卒《哲学概论》《哲学史》,次年始读汗德之《纯理批评》。至《先天分析论》,几全不可解,更辍不读,而读叔本华之《意志及表象之世界》一书。叔氏之书,思精而笔锐,是岁前后读二过,次及于其《充足理由之原则论》《自然中之意志论》及其文集等。尤以其《意志及表象之世界》中《汗德哲学之批评》一篇,为通汗德哲学关键。至二十九岁,更返而读汗德之书,则非复前日之窒碍矣。嗣是,于汗德之《纯理批评》外,兼及其伦理学及美学。至今年从事第四次之研究,则窒碍更少,而觉其窒碍之处大抵其说之不可持处而已。此则当日志学之初所不及料,而在今日亦得以自慰藉者也。此外如洛克、休蒙之书,亦时涉猎及之。近数年来为学之大略如此。

顾此五六年间,亦非能终日治学问,其为生活故而治他人之事,日少则二三时,多或三四时,其所用以读书者,日多不逾四时,少不过二时。过此以往,则精神涣散,非与朋友谈论,则涉猎杂书。唯此二三时间之读书,则非有大故,不稍间断而已。夫以余境之贫薄,而体之孱弱也,又每日为学时间之寡也,持之以恒,尚能小有所就,况财力、精力之倍于余者,循序而进,其所造岂有量哉。故书十年间之进步,非徒以为责他日进步之券,亦将以励今之人,使不自馁也。若夫余之哲学上及文学上之撰述,其见识文采亦诚有过人者,此则汪氏中所谓"斯有天致,非由人力,虽情苻曩哲,未足多矜"者,固不暇为世告焉。

《三十自序》二

前篇既述数年间为学之事,兹复就为学之结果述之:

余疲于哲学有日矣。哲学上之说,大都可爱者不可信,可信者不可爱。余知真理,而余又爱其谬误。伟大之形而上学、高严之伦理学,与纯粹之美学,此吾人所酷嗜也。然求其可信者,则宁在知识论上之实证论、伦理学上之快乐论,与美学上之经验论。知其可信而不能爱,觉其可爱而不能信,此近二三年中最大之烦闷,而近日之嗜好所以渐由哲学而移于文学,而欲于其中求直接之慰藉者也。要之,余之性质,欲为哲学家则感情苦多,而知力苦寡;欲为诗人,则又苦感情寡而理性多。诗歌乎?哲学乎?他日以何者终吾身,所不敢知,抑在二者之间乎?

今日之哲学界,自赫尔德曼以后,未有敢立一家系统者也。居今日而欲自立一新系统,自创一新哲学,非愚则狂也。近二十年之哲学家,如德之芬德、英之斯宾塞尔,但搜集科学之结果,或古人之说而综合之、修正之耳。此皆第二流之作者,又皆所谓可信而不可爱者也。此外所谓哲学家,则实哲学史家耳。以余之力,加之以学问,以研究哲学史,或可操成功之券。然为哲学家,则不能;为哲学史,则又不喜,此亦疲于哲学之一原因也。

近年嗜好之移于文学,亦有由焉,则填词之成功是也。余之于词,虽所作尚不及百阕,然自南宋以后,除一二人外,尚未有能及余者,则平日之所自信也。虽比之五代、北宋之大词人,余愧有所不如,然此等词人,亦未始无不及余之处。因词之成功,而有志于戏曲,此亦近日之奢愿也。然词之于戏曲,一抒情,一叙事,其性质既异,其难易又殊,又何敢因前者之成功,而遽冀后者乎?但余所以有志于戏曲者,又自有故。吾中国文学之最不振者,莫戏曲若。元之杂剧、明之传奇,存于今日者,尚以百数。其中之文字,虽有佳者,然其理想及结构,虽欲不谓至幼稚、至拙劣,不可得也。国朝之作者,虽略有进步,然比诸西洋之名剧,相去尚不能以道里计。此余所以自忘其不敏,而独有志乎是也。然目与手不相谋,志与力不相副,此又后人之通病。故他日能为之与否,所不敢知,至为之而能成功与否,则愈不敢知矣。

虽然,以余今日研究之日浅,而修养之力乏,而遽绝望于哲学及文学,毋乃太早计乎!苟积毕生之力,安知于哲学上不有所得,而于文学上不终有成功之一日乎?即今一无成功,而得于局促之生活中,以思索玩赏为消遣之法,以自遁于声色货利之域，其益固已多矣。诗云："且以喜乐，且以永日。"此吾辈才弱者之所有事也。若夫深湛之思、创造之力，苟一日集于余躬，则俟诸天之所为欤！俟诸天之所为欤！

《静庵文集》自序

余之研究哲学,始于辛壬之间。癸卯春,始读汗德之《纯理批评》,苦其不可解,读几半而辍。嗣读叔本华之书而大好之。自癸卯之夏,以至甲辰之冬,皆与叔本华之书为伴侣之时代也。其所尤惬心者,则在叔本华之《知识论》,汗德之说得因之以上窥。然于其人生哲学观,其观察之精锐,与议论之犀利,亦未尝不心怡神释也。后渐觉其有矛盾之处,去夏所作《红楼梦评论》,其立论虽全在叔氏之立脚地,然于第四章内已提出绝大之疑问。旋悟叔氏之说,半出于其主观的气质,而无关于客观的知识。此意于《叔本华及尼采》一文中始畅发之。

今岁之春,复返而读汗德之书,嗣今以后,将以数年之力,研究汗德。他日稍有所进,取前说而读之,亦一快也。故并诸杂文刊而行之,以存此二三年间思想上之陈迹云尔。

光绪三十一年秋八月,海宁王国维自序。

图书在版编目（CIP）数据

人间嗜好 / 王国维著. -- 北京：中国画报出版社，2021.9（2023.10重印）

（美学大师课）

ISBN 978-7-5146-2014-6

Ⅰ.①人… Ⅱ.①王… Ⅲ.①美学—文集②诗词—作品集—中国—近代 Ⅳ.①B83-53②I222.75

中国版本图书馆CIP数据核字(2021)第105921号

人间嗜好

王国维 著

出 版 人：于九涛
策　　划：许晓善
责任编辑：田朝然　王韵如
责任印制：焦　洋

出版发行：中国画报出版社
地　　址：中国北京市海淀区车公庄西路33号　邮编：100048
发 行 部：010-88417418　010-68414683（传真）
总编室兼传真：010-88417359　版权部：010-88417359

开　　本：32开（787mm×1092mm）
印　　张：9
字　　数：170千字
版　　次：2021年9月第1版　2023年10月第3次印刷
印　　刷：三河市金兆印刷装订有限公司
书　　号：ISBN 978-7-5146-2014-6
定　　价：59.80元